生态城乡与绿色建筑研究丛书

湖北省学术著作出版专项资金资助项目
国 家 自 然 科 学 基 金 面 上 项 目
国 家 自 然 科 学 基 金 重 点 项 目

李保峰　主编

陈宏　副主编／刘小虎　执行主编

Garden Cities

田园城镇

将城镇与田园文明整合的N个策略

刘小虎　艾勇　刘晗　著

华中科技大学出版社
http://www.hustp.com
中国·武汉

图书在版编目(CIP)数据

田园城镇:将城镇与田园文明整合的 N 个策略/刘小虎,艾勇,刘晗著.—武汉:华中科技大学出版社,2021.12

(生态城乡与绿色建筑研究丛书)

ISBN 978-7-5680-6811-6

Ⅰ.①田… Ⅱ.①刘… ②艾… ③刘… Ⅲ.①城镇-城市规划-建筑设计-研究 Ⅳ.①TU984

中国版本图书馆 CIP 数据核字(2021)第 119052 号

田园城镇——将城镇与田园文明整合的

N 个策略 　　　　　　　刘小虎　艾　勇　刘　晗 著

Tianyuan Chengzhen——Jiang Chengzhen yu
Tianyuan Wenming Zhenghe de N Ge Celüe

策划编辑:易彩萍
责任编辑:周怡露
封面设计:王　娜
责任校对:刘　竣
责任监印:朱　玢
出版发行:华中科技大学出版社(中国·武汉)　　电话:(027)81321913
　　　　　武汉市东湖新技术开发区华工科技园　　邮编:430223
录　　排:华中科技大学惠友文印中心
印　　刷:湖北金港彩印有限公司
开　　本:710mm×1000mm　1/16
印　　张:19.5
字　　数:297 千字
版　　次:2021 年 12 月第 1 版第 1 次印刷
定　　价:258.00 元

本书得到以下 2 个基金项目支持:

(1) 乡村住宅"一键式"人工智能设计系统研究——以湘鄂赣地区为例(国家自然科学基金面上项目,项目批准号:51978295);

(2) 城市形态与城市微气候耦合机制与控制(国家自然科学基金重点项目,项目批准号:51538004)。

作者简介 | About the Authors

刘小虎　艾勇　刘晗

刘小虎:教授、博士生导师,院长助理,华中科技大学建筑与城市规划学院系副主任。

英国哥伦比亚大学访问学者,兼任华中科技大学中欧清洁与可再生能源学院教授。

主要研究方向为绿色建筑、乡村建设、传统保护与现代化。教学课程为建筑设计、建筑技术概论、绿色建筑设计研究、数字建筑设计。主持国家自然科学基金两项、省部级基金多项,多次获省部级奖。指导学生多次在国际及国内比赛中获奖。

艾勇:湖北城市建设职业技术学院教师。

刘晗:湖北城市建设职业技术学院教师。

前　　言

　　建筑并不仅仅是关于空间的学科,也重视时间。它对时间的重视并不是在现代主义时空理论之后,而是早在东方的建筑理念中已有所体现。建筑并不仅限于苏州园林中的步移景异,不只是人在空间中的体验、运动,而是将建筑赋予生命属性,将建筑的奠基视如人的诞生,选择与天地契合的时间节点;城市的建设要和星体的运动相结合……古代建筑设计中看似神秘的行为,都源自东方哲学对时间的关注。虽然今天的科学无法解释,但可能未来科学能够发现其合理之处。这或许是科学发展的阶段性局限,而不是东方世界观的错误。从时间的角度看,文明的兴衰有其发展规律,古老的文明可能会暂居低谷,但也会重上高峰。这种生命力的源泉,是文明的核心要素——文化,文化是文明的基因。文化可以演变,可以更新,但必须传承,这样一个民族才能在各种恶劣的条件下延续下去。如果文化消亡,民族不可能继续存在。

　　反观乡村,乡村是人类聚居的最初形态,是城市之母;乡村是五千年田园文明的承载地,是中华文化之根。在全球化的浪潮中,乡村是受到冲击的古老文明的避风港,为中华文明提供清晰可辨的特征,保留了文明的基因。

　　然而,在城镇化的快速进程中,乡村日益衰落:人口流失,田园荒芜,经济滞后;老一代农人老去,新一代农人背井离乡。在乡村,笔者真切地感受到文化的衰落,为此感到痛惜,却又无能为力。乡村虽衰败,却暗藏着天地与人和谐的秘密。乡村虽属于基层,却是社会经济可持续发展的根基。乡村虽博大,但若不吸纳新的技术又会面临无法持续发展的危机。

　　面对这种情况,我们必须彻底改变过去的思维方式:不断探索新的建设思路和方法,发展乡村经济,吸引游子返乡,恢复乡村造血功能;保护并利用乡村的良好生态;提升田园文明的文化品牌,重新恢复乡村发展的内生动力;保护乡村文化的多样性。乡村是中华民族伟大复兴的基础。这也是今

I

天新型城镇化的指向所在。

　　城镇化是中国目前发展的重要课题,要解决城镇化的问题可能需要几代人的努力。本书是对当前新型城镇化策略思考的成果。第一篇文章是总论,指出因城市化而消失的上百万个自然村引发了今日中国的文化乡愁;小城镇与大城市应差异化发展,整合田园文明,建设有农业空间载体的田园城镇;并提出了田园城镇的多个策略:和、异、散、低、空、小、杂、土、软、慢、云、微。这些策略基本停留在概念层面,具体探讨在后文展开。后文再针对这些策略,将过去的研究分别纳入其中,其中既包括学术论文,也包括实践项目和教学专题,可以说是笔者近十年对城市与乡村发展的感悟。这样的分类未必完善,甚至还很粗陋,只能说是抛砖引玉,引起大家关注,为乡土文化或者说传统文化的存续尽一份微薄之力。

目　　录

1

小

杂

土

软

慢

云

微

总　　论[①]

对于有着两千年田园文明的中国来说,因城市化消失的上百万个自然村引发了文化层面的乡愁。城镇与大城市应差异化发展,留住并优化田园文明,建设有农业空间载体的田园城镇。城镇的发展应避免过去高大全的形象追求,鼓励自下而上的思考,力求小而精。本书进一步总结了田园城镇的 N 个策略,即和、异、散、低、空、小、杂、土、软、慢、云、微,并从哲学、美学、技术等不同角度用数据分析论证。此外,田园城镇的实现还需要政策上的创新,包括允许居民自建住宅、改革户籍制度、乡镇住房对城市居民开放、改变以 GDP 作为政绩考核的方式等。

1　引言:今日中国的乡愁

何处是故乡?

"文化乡愁"是现代社会的普遍现象。罗兰·罗伯森认为这种对传统消失的失落感和对悲观主义的文化追忆,在 19 世纪的德国史学界和社会学界早已普遍存在,例如斯宾格勒《西方的没落》和马克斯·韦伯关于资本主义社会学的研究反映了这种现象。

今天,城市化的快速发展深刻改变了乡村面貌,乡愁情绪显得更加强烈。台湾诗人余光中的乡愁是被浅浅的海峡隔开的大陆;对大陆人来说,乡愁是故乡虽在,人和老屋已荡然无存。人们赖以寻根的童年情景,在旧城改造的老城区中早已烟消云散(图 1)。在现代经济全球化所付出的代价中,文化的代价无疑是最沉重的,尤其是弱势文化。

城市化成绩斐然,但问题也多。蕾切尔·卡逊(Rachel Carson)在《寂静

---

① 本文成稿日期:2013 年 8 月。

图 1　拆迁

(作者根据百度网络网片搜索"拆迁"拼图)

的春天》所描述的化工产品泛滥造成的环境危害正在上演;原国土资源部
(现更名为自然资源部)证实中国每年有 1200 万吨粮食遭到重金属污染,原
环境保护部(现更名为生态环境部)在 2013 年承认中国存在"癌症村",院士
王浩指出癌症村的数量超过了 200 个;某些城市交通拥堵,环境恶化,雾霾严
重,盲目开发导致大量楼房空置。

　　本书提出"田园城镇"的设想,目的是在城镇化的过程中整合农耕文明,
并提出了实现田园城镇的 N 个策略。田园城镇不仅要"园",还要加上"田"
以及田园所承载的农业文明。

2　思考方法:整合

城镇化有强烈的当代性,在中国又有特殊的背景。因此必须整合现代与传统、整合技术与美学、整合代表现代的城镇化与代表传统的田园文明。

作为学术名词,"整合"(integration)来自西方国家。莱布尼茨强调统觉是相对于微觉的,是自我意识的反省,是最直白的观念,强调主动性。康德反复强调"统觉的综合统一"是认识的最高原理。斯宾塞提出"integration"一词,认为任何事物的发展都会经历分化阶段和整合阶段。美国人类学家博阿兹(F. Boas)提出"文化就是整合的"这一观点已经成为社会共识。当代科学研究方法已经超越理性主义,兼顾还原论和整体论,强调整合,如莫里斯·伯曼(Morris Berman)从"再魅"角度指出用人的感觉统领技术、整合思考的重要性。不过,应该强调,关注整体本来就是中国文化的特点。从 16 世纪起,《周易》《道德经》就风靡西欧,西方哲学巨匠如莱布尼茨、康德、黑格尔、尼采等人都重视中国的传统思想。"计算机之父"莱布尼兹更是承认他发明的二进制源于中国。

本书的思路基于整合,整合技术和美学的观念,兼容现当代理念和中国传统经验,兼容绿色建筑技术和民间经验,并立足于可验证的科学方法,以避免空谈。本书提出的策略也力求找到数据或者其他依据作为支撑。以下提出的这 N 个策略,是对这些要素整合思考的结果,本身有交叉和重叠的部分。城镇本来就是综合的,分出 N 个策略只是为了更清晰地从不同角度来描述。

3　田园城镇的 N 个策略

3.1　和:道法自然

中国文化提倡热爱和尊重自然。古代的士大夫向往退隐山林,李白最羡慕的是辞官隐居、"白首卧松云"的孟浩然。美学也多以自然而不是以人体为研究对象。国画以山水、动植物为主题。合院作为此背景下的典型居住模式,留有一方天井与天地相通,所谓通往上天之井,吸收天地的能量。在规划层面,堪舆家象天法地,其核心就是要与自然环境、天象相适应,和谐共生,甚至与节气相适应,尊重自然山水格局才能"一邑有一邑之观瞻"。郭璞为温州城选址时,利用原有的七座山,以北斗七星的位置定下了"斗城"的格局(图2),并预言温州城可生旺 1800 年。不说神秘的部分,单是尊重原有山体格局,使城市规模配合自然环境,这种理念就值得继承。而在今天某些山地城市,因一句"人造小平原"的口号,就将山体推平,建造工业园。这样一来,山地造氧、蓄洪的功能和动植物生存的环境都被永久性破坏了,得不偿失。

图 2　温州城图

(于希贤、于洪《中国古都历史文化解读》)

在西方现代城市中,斯图加特的生态改造提供了处理地形、风、植被和城市形态之间关系的绝佳案例(图3)。斯图加特三面环山,当住宅区占领山谷两侧取代葡萄园和森林时,隔断了从顺侧斜坡吹来的下降气流,空气质量下降。为此该市采取一系列措施:严格保护森林,建设绿色屋顶,修建绿色铁路,严控高层建筑,并重建了公园网络,将河谷、森林、山谷坡地上的葡萄园、城市中心以及更大尺度的区域景观连接在一起,以免阻止从山坡下来的微风,森林、葡萄园和城市公园占城市用地的 60%,由此斯图加特重新与自然和谐共生。

图3　斯图加特城市风貌

3.2　异:差异性发展

　　求异是审美的需求之一。城镇与大城市不同,应差异化发展,保持小而精的样貌,保持良好的环境、慢节奏的生活方式及乡村风情。中国的部分城市噪声污染严重,交通拥挤,生态恶化,人居环境很差(图4)。大城市日益恶化的人居环境会导致逆城市化。欧美的逆城市化现象出现在1960—1990年。当时全球人口超过10万的城市中,有1/6成为收缩城市,全世界有3/4

图4　雾霾

(作者自摄)

的收缩城市位于发达国家中。

3.3 散：去中心化

网状布局优于中心布局。

去中心化是当代哲学的概念。德里达认为，西方文化中的形而上学思想一直强调整体化、结构化，长期占据人们思想头脑的逻辑中心论导致了"中心化"倾向，因此，解构主义要找到去中心化的方式，打破等级森严的二元对立。概念之间"并无等级和中心，仅有差异"。

散并不代表混乱，而代表更接近自然，拥有更多体验，且有内在的秩序。散点是村落布局通常呈现的自然状态。村落中的房屋往往三三两两分布，零散却又和谐。散是更高的艺术境界。中国画的意蕴在于表达个人的体验和印象，还要在平面上表达出不同的空间性和时间感（运动），连透视都用散点，而不用写实。这是绘画艺术的高峰，毕加索的立体主义受此影响。

数字时代，网络其实已经弱化了中心，使分散式更有优势。对个人而言，在家办公和网络协作，可以减少通勤消耗的财力和时间。对大型网络供货商而言，大规模的集中卖场远不如小而分散的库房和送货网络有效率。推广到城镇层面也一样，小而精的城镇有环境优势，生态完整性较好，可沿用网状的散点布局方式。

从社会结构而言，民主优于集权，群体的进步更需要依赖个体的完善。中国社会已经走向民主，空间结构也应该走向民主。今天，许多大城市的发展已经到了恶性扩张的程度，但仍在不断吸引周边城市的人口、资源，这种做法不妥，相反应考虑去中心化，调整政策，平衡资源，以散点布局的城镇取代病态的"巨无霸"城市了。

3.4 低：低姿态和低技术

"低"代表与自然更亲近，以更谦卑的姿态融入自然而不是野蛮地改造自然。"低"也代表控制高度，中国建筑历来亲近大地，宁愿选择水平的院落铺开，也不像西方建筑那样纵向发展。

笔者接触过的某远郊城镇化项目,开发商计划将原有的23个村落合并,全部纳入新区,村落旧址则退耕还田,按照政策可获得新区的容积率补偿。为了收支平衡,新区容积率要达到2.5以上,需要在大片农田中建起小高层。这些被拆掉的村庄有不少具有传统风貌,旧房基也并不利于农田建设,需要很大的投入。这种空降高层的做法没有必要。原有的村落严重空心,可以适度保留村落设施,提高建筑密度,建设乡村休闲社区,吸引新居民入住。日本的人口密度远高于中国,但在大多数中小城市,如有150万人口的京都(图5),并没有看见高层楼盘扎堆的景象,而是保留了大量的两三层楼房。

图5 日本京都小城市

(作者自摄)

"低"还代表对技术、造价的把握,笔者一直鼓励"三低(低造价、低能耗、低技术)"建筑。与"三高"建筑相比,"三低"建筑是更加健康的发展模式,适合并不富裕、人口众多、技术粗放、处于发展中的中国。

3.5 空:恢复合院传统

中国人很早就认识到"空"的重要性。老子曰:"无之以为用。"合院是中国建筑最重要的特征,它包含了道家的阴阳相生,由周易的九宫八卦拓扑而来,中间的"空"使家中自有天地,积蓄自然的能量。合院也是传统中国城市的基本单元,从庭院一直迭代到城市,唐长安就是这样由九宫八卦拓扑而来的。院落体系兼顾土地的高密度利用,更带来了不可思议的室外空间。唐长安面积 60 km²,容纳了 70 万人口,人均城市建设用地约 86 m²,而且还有大面积的耕地和庭院存在(图 6)。这与今天多数欧洲城市的人口密集极为接近,高于现行中国城市标准。2003 年后,全国人均城市建设用地就已经超过了《城市用地分类与规划建设用地标准》(GB 50137—2011)所规定的上限120 m²/人。

Carlo Ratti 等人采用了两个重要的生态城市标准,即土地使用和日照,研究了城市最佳形态问题。在面积相同的土地上建造亭阁式建筑和院落式建筑,覆盖率、高度和建筑面积均相同,院落式建筑能获得更多开放空间,比亭阁式建筑的土地利用率更高。总建筑面积相等,进深、密度相等,院落式建筑的高度仅为亭阁式建筑的1/3。莱斯利·马丁提出用巴黎的庭院模式代替曼哈顿的建筑模式,二者容积率相等,巴黎的建筑高度只有曼哈顿的1/3。老屋场村局部天井较多的街区,建筑密度高达 60%(图 7),但仍然有怡人的街巷空间,舒适的室内庭院,没有城市拥挤局促的空间感,这就是合院的奥妙。

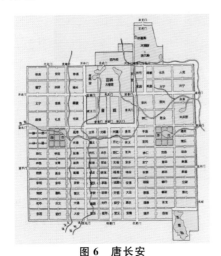

图 6　唐长安

(*Carlo Ratti，et al，Building Form and Environmental Performance*)

图 7　老屋场村

(作者自绘)

3.6　小：小城寡民

老子推崇"小国寡民"的思想,百姓安居乐业。霍华德倡议田园城市人口限制在 3 万人。这是前人对"小"的推崇。

当今国内学术界围绕大城市发展论、小城镇发展论、中等城市发展论、两极发展论、多元发展论、超大城市规模控制论等产生激烈的争论。国外的争论主要归为三类,即中小城市战略、大城市战略、大城市控制论。笔者以为,大城市有"大"问题。"摊大饼"式的城市发展模式,造成交通堵塞,房价过高,资源短缺,环境恶化,通勤成本增加,城市贫困加剧,公共安全危机凸显,出现明显的膨胀病。王业强指出城市达到一定规模后,城市效率随着规模的扩大反而下降,北京、上海、重庆等城市已经达到规模的上限。大城市急剧扩张,1999—2008 年,上海、北京、广州等 14 个大城市的城市建设用地从 3651 km² 扩大到 9367 km²,增长了 1.57 倍,其中南京、广州、重庆、北京分别增长 2.8 倍、2.15 倍、1.86 倍和 1.69 倍。交通堵塞造成严重后果,仅北京市公交车乘客的通勤时间损失一项,每年经济损失高达 792 亿元。在上海,交通拥挤造成的直接经济损失占上海当年国民生产总值的 10%。全国 31 个百万人以上的特大城市中,大部分交通负荷接近饱和。中国百万人口以上的 50 个主要城市中,居民平均单行上班时间为 39 min,北京居首位,为 52 分钟。

许多美国人即使在大城市工作,也喜欢住在小城市。小城市的优点显而易见:空气好、安静、安全、房价低、生活条件舒适。我国有很多大都市,却缺乏有吸引力的小城镇群。新型城镇化需要形成森林和田园中的城镇网络。如今的都市农业在城市的发展中被牺牲了,实际上,可以从开头就控制城镇规模,保留农业文明,甚至使农业文明和城镇交叉存在。

小城有小巷,不必追求宽敞阔气。古村镇的街巷尺度宜人,可达性好,不浪费用地。如果我们尝试在新区设计中重现古村镇的肌理和空间感,就会发现,按照间距规定,许多古村镇的建设有违章情况,例如岭南传统村落的冷巷就不满足山墙间距要求,但小巷正是古村镇重要的空间特征。幸好在历史村镇中根据巷道尺度可用小型消防体系,现代建筑规范应有所调整,

让古(风貌)村镇拥有合法身份。

3.7　杂:混杂而丰富

整齐划一只是美观的需要,真实的生活氛围是居民生活的需要。

艺术家傅中望的装置作品《收·藏·洗·晒》在美术馆里展出(图8),遭到网友批评。艺术家发现了"晒衣服"这个城市生活中的典型场景,把它做成作品,很多人并不理解。武汉夏天湿热,冬天湿冷,梅雨季节墙上滴水,在室内晾衣服很不容易干。老居民区常见的自搭建的晒衣架(图9),尺度夸张,也许混乱,但非常实用。一些人认为,这种做法影响小区形象,应该推广使用烘干机。绝大多数新楼盘也禁止安装室外晾衣架。笔者认为,即使抛开城市记忆不谈,仅从技术角度,室外晾晒空间都是值得保留和推广的地域传统。若推广烘干机,一个家庭一周多耗电 4 度,一年耗电 200 度,仅武汉市300 万个家庭,一年要多耗电 6 亿度。在封闭阳台内晾衣服容易晾不透,而且水分会使室内湿度更大,何况阳光的紫外线杀毒效果要比烘干机自然得多。室外晾晒适合夏热冬冷湿度大的地区,也符合我国国情。

图8　《收·藏·洗·晒》　　　　图9　老居民区晒衣场景
(曹大鹏摄,2013 年 2 月 19 日《楚天金报》)　　　(游诗雨等摄)

类似要求还有禁止使用太阳能热水器,因为杂乱的水管影响建筑外立面;禁止建自发性的屋顶菜园,因为产生臭味,不好管理;禁止阳台绿化,因为影响风貌,可能发生高空坠落事故,有安全隐患;等等。出现这种情况可能因为管理水平低,或公众对绿色生活方式的认识不足,从根源上来讲则是对本土文化的无端自卑。

3.8　土：地域性

弗兰普顿以前卫性的现代主义方式而非复古的方式,强调植根于场地,尊重风土性、地域性的社会生产系统;绿色建筑强调的地域性则从节省资源的角度,强调地域环境、气候、资源、材料。二者殊途同归。每个城镇所处的地理环境与所拥有的气候资源和经济条件都不一样,应发挥个体潜力,结合生产系统,选择地域性的材料和建设模式。

在文化层面,城镇化面向的大量乡土聚落正是草根文化的承载地,应该以传统文化和村落的保护为立足点,汲取民间经验。

在技术层面,应推广和发掘地域性的建筑技术。地域传统建筑体系在工业化体系的冲击下,基本上没有工匠,也没有市场。笔者参与的某古村镇保护就面临这个困难。该村特色风貌是石砌建筑,但能找到的少量工匠年事已高,年轻人又不会此类技术,技术基本失传。石砌房屋热工性能好,在当地较流行,从绿色建筑角度来讲,也应推广。如何才能实现传统建筑工艺现代化? 这个问题值得我们思考。

3.9　软：软转化

数字技术导致对物理空间的需求减少,很多问题可以通过软件来解决,威廉·J. 米切尔提出了数字时代的五个原则之一——软转化(soft transformation),通过数字技术的提升而不是强硬地切除物理空间的方式来提升空间质量。城镇化应借用软转化的观念,通过设施和技术的优化来提升空间质量。许多村落本身有较好的格局,不必推倒了建楼盘,而应采用填空、适当提高密度、改善设施等软方式来形成新旧结合的城镇环境。

3.10　慢：慢行慢生活

瑞吉斯特从生态城市的角度反对汽车,他认为未来应该推广自行车、小型高尔夫车(电动车):"汽车是这个时代的恐龙。它们破坏了传统城市、城镇和乡村合理并且令人愉快的结构。一旦社区为汽车所左右,人们就不得

不依赖它。"汽车—城市蔓延—高速公路—石油消耗的模式,给人类创造了当今危险又普遍的浪费活动:驾驶汽车。汽车破坏土地和自然环境,直接或间接地毁灭动植物,引起争夺石油的战争。从未来的视角看,根据通用汽车公司和麻省理工学院的联合研究,两轮车才是将来最主要的交通工具,它无线互联,可自动行驶,占用空间小,节能。现在的汽车会被淘汰,它极其浪费能源,而且从发明至今一百多年,四个轮子的模式就没有进化过。

十年前的中国曾有一场关于轿车的大论战。正方以经济学家樊纲为代表,极力称颂轿车文明,反方以社会学家郑也夫为代表,坚决反对发展私人轿车。短期看来,汽车拉动了经济,长期看来,我们付出了环境代价。大城市中汽车的平均车速小于 15 km,堪比自行车的行驶速度。过快增长的汽车数量导致道路拥堵,车速太慢更加剧尾气的排放。在北京、上海、广州等大城市,汽车尾气已成为主要的大气污染源(北京为 22%)。

在城镇应该限制汽车,发展公交、自行车,还应该鼓励电动自行车,包括摩托车。小城镇人口少,公交运营成本难以收回,而自行车不能完全满足现代生活、物流的需要。电动车有最重要的两大优点:节省空间和节能。它占据的道路和停车面积、单位能耗不到汽车的 1/10,直接改善因道路密度不够带来的交通拥堵和能源紧张问题。然而一些城市却在"限电禁摩",实在是短视行为。从社会公平角度看,电动车代表弱势群体和年轻人的利益,他们的出行权应该得到保障。从维稳角度看,中国的电动车问题宜疏不宜堵。

在战略层面,未来私人交通工具数量会更多,同时还要控制碳排放、减少交通拥堵,汽车小型化是必然趋势。"迷你车"是一个思路,两轮车是更高效的思路。通用汽车公司生产的高科技的两轮车确实是未来趋势(估计不会比国产汽车便宜),但我们不要忽略身边数量巨大的电动车,电动车体型小、节能、技术更简单(当然还有大幅提升的空间)、更便宜,是中国特色(图11)。应该鼓励电动车的技术进步,让更多人可以选择电动车出行。限制电动车出行(图12)不利于两轮车发展,还会导致未来道路、充电站等基础设施转型跟不上。

在管理层面,要配置专用通道。所有隧道、桥梁、高架路都应该设专用的自行车和电动车车道,这样才能真正鼓励低碳出行。当然管理也要加强,

图 11　两轮电动车　　　　　　　　**图 12　限制电动车**

增加电动车强制险,强化遵守交通规则的观念等。

3.11　云:云规划与云城市

让城镇化面向数字时代。

数字技术变革的根本在于生活方式。空间距离的压缩和时间序列的模糊,以及人和人之间跨越空间的交流机会,改变了生活和工作的方式,具体表现在交互性、协作性、群体性和分布性。与之对应,计算机性能更强,体积更小,向着网络协同计算方向发展。虚拟空间在变化,对应的城市和建筑也在发生变化。笔者与艾勇曾经借用云计算的概念提出过云城市、云规划:通过对公众信息的采集、整理、分析,影响城市、建筑的设计决策,将看起来纷乱庞杂的意见整理成为清晰的数据。我们提出了微流数据库(microstream database)的技术方案,其核心是利用无线互联网和云计算技术,通过无线互联网终端上的 app,将公众意见以微流的形式存入微流数据库,经过智能分析和挖掘,将意见整理、分类,并将相关的结果推送给设计人员和决策部门,为其提供参考,甚至有可能出现完全遵循公众意见的设计结果。在公共项目中使用这种方式,更有助于决策过程的透明化和民主化,这是一种自下而上的方式。如果把互联网理解成一个庞大的神经网络,那么数量巨大的网民就像这个神经网络中的无数个神经末梢,公众的个体思想借助神经末梢传达给类似于中枢神经的数据库,这也是微流数据库的含义。

规划师也意识到了微时代的来临,施卫良同样倡导云规划。他指出微

平台、虚拟的规划研究社区有利于智慧汇集、民意汇集、动力汇集,如大栅栏更新计划,部门、机构、非政府组织、居民、志愿者等各种社会力量聚集整合,现有超过十个设计群体参与长期的胡同保护改造工作。

云规划有助于智慧汇集与公众参与。在城镇化过程中,已经很脆弱的乡村文明需要这样的新技术手段。

3.12　微:微建筑与开放自建

微代表个人,代表积极活跃的个体。今天智能手机普及,个人通信平台不断优化,微博、微信、微社区已经成为重要的社会公共空间。信息技术已经使计算无所不在,这有助于微建筑的出现——更加个性化的建筑、让个人参与建筑设计营造过程;个人借助新技术,包括信息技术,对实体空间产生更深入、更个性化的影响。微建筑会改变千城一面的格局。

我们曾经尝试将《营造法原》中各个构件的内在关联通过 Processing 平台参数化[1],最终实现了仅通过开间、进深、开间数三个参数来生成整体建筑模型。若进一步编写代码,还可以在手机上运行,普通人也可即时得到传统风貌建筑的木结构细节尺寸,使古建筑信息不再艰深难懂,这可算是这个方向的尝试之一(图13)。昙华林是武汉仅存的几个老社区之一,保留了特别的建筑风貌(图14)。

微建筑需要自建政策的开放。房地产行业虽然如此发达,但普通城市居民想自己买地建房是不可能的,在小区里也不能对自己的房子外部进行改善,即使是合理的,符合低碳社会要求的也不可以。可见房地产的 GDP影响和形象工程,已经让沉默的大多数失去了对房子的话语权。季铁男指出,自建不是违建。"自建最终可能孕育出一种开放的社会形式和建筑形式。建筑师的专业角色在于如何维护或捍卫这种开放的状态,促进自建的社区与城市生长。"尊重自建,就是尊重个体智慧,尊重民间的要求和愿望,这是一种内部民主的体现。

---

[1]　该案例中参数化软件编程主要由潘浩完成。

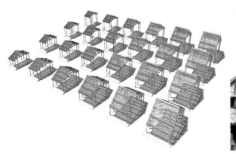

**图 13　借助 Processing 平台进行
参数化设计**

（潘浩绘）

图 14　昙华林古建筑

（蒋博尧、杨璇、田苗等摄）

4　保障措施与经济驱动

尚存的乡村和田园文明已经极其脆弱，应予以政策扶持，包括调整户籍制度，改变以 GDP 考核政绩的方式等，还应该允许城市居民购买乡镇住房。今天大量的空心村已经失去造血功能，只有居民再入住才可能使村落再生。

上文的 N 个策略看似违反经济利益，但利于民生，利于民富。从长远看，只要方法得当，同样有可观的经济驱动力。笔者在此抛砖引玉，提出以下刺激城镇经济的措施：

（1）以良好的生态环境服务大城市，吸引大城市居民消费；

（2）提高原生态农产品的价格；

（3）把良好的环境作为商品，采取经济手段扶持，例如碳税、环境税；

（4）吸引有环保意识的企业入驻城镇，如文化创意产业，并采取政策资助；

（5）吸引有工作能力的城市居民到城镇居住，探索远程工作的可能；

（6）允许城市居民购买农房，提高农村土地价值并回馈农民，这也是尊重个人的意愿和尊重居住地的选择权的做法。

5 结 语

对中国文化而言,田园是性灵的诗篇;对新型城镇化而言,田园是沉甸甸的词语,它必须包含空间和情感,包含自然、农业、文化和人。田园城镇的目标是保留田园文明的空间、环境载体,复原其中的人与生活,使田园文明与城镇化共繁荣,减少对环境和文化的破坏。当然,田园文明也并不是要回到过去,我们必须站在现代社会的立场,借助技术手段来进行。过去我们并不能建好山水和森林中的城市,希望在新型城镇化的背景下,将来能建好田园和森林中的城镇。

参考文献

[1] 罗伯森. 全球化:社会理论和全球文化[M]. 梁光严,译. 上海:上海人民出版社,2000.

[2] 万俊人. 经济全球化与文化多元论[J]. 中国社会科学,2001(2):38-48.

[3] 卡森. 寂静的春天[M]. 吕瑞兰,李长生,译. 上海:上海译文出版社,2011.

[4] 黄宏伟. 整合概念及其哲学意蕴[J]. 学术月刊,1995(9):12-17.

[5] BERMAN M. The reenchantment of the world[M]. Cornell:Cornell University Press,1981.

[6] 于希贤,于洪. 中国古都历史文化解读[M]. 北京:中国三峡出版社,2009.

[7] 奥斯瓦尔特. 收缩的城市[M]. 胡恒,史永高,诸葛静,译. 上海:同济大学出版社,2012.

[8] 德里达. 书写与差异[M]. 张宁,译. 上海:生活·读书·新知三联书店,2001.

[9] 米切尔. 我++——电子自我和互联城市[M]. 刘小虎,等,译. 北京:中国建筑工业出版社,2006.

[10] 王才强. 唐长安的数码重建[M]. 北京:中国建筑工业出版社,2006.

［11］ RATTI C,RAYDAN D,STEEMERS K. Building form and environmental performance:Archetypes,analysis and an arid climate［J］. Energy and Buildings,2003,35(1):49-59.

［12］ 萨拉.城市与形态:关于可持续城市化的研究［M］.北京:中国建筑工业出版社,2012.

［13］ 王业强.倒"U"型城市规模效率曲线及其政策含义——基于中国地级以上城市经济、社会和环境效率的比较研究［J］.财贸经济,2012(11):127-135.

［14］ 何玉宏.挑战、冲突与代价:中国走向汽车社会的忧思［J］.中国软科学,2005(12):67-75.

［15］ 牛文元.中国新型城市化报告(2012)［M］.北京:科学出版社,2012.

［16］ 瑞吉斯特.生态城市:重建与自然平衡的城市(修订版)［M］.王如松,于占杰,译.北京:社会科学文献出版社,2010.

［17］ 米歇尔,波罗尼柏德,伯恩斯."未来车"世纪［M］.田娟,译.北京:中国人民大学出版社,2010.

［18］ 王建伟.对北京雾霾天气引发空气污染防治成效纷争的理性思考［C］//2013中国环境科学学会学术年会论文集(第五卷),2013.

［19］ 刘小虎,冰河,潘浩,等.《营造法原》参数化——基于算法语言的参数化自生成建筑模型［J］.新建筑,2012(1):16-20.

［20］ 季铁男.自建不是违建［J］.新建筑,2009(3):24-27.

在理性与感性的双行线上
——与冯纪忠先生的访谈^①

　　冯纪忠先生是同济大学建筑与城市规划学院的缔造者之一。本文是对他进行访谈的内容,包括关于建筑学、城市规划、景观专业的思想和教育理念,名作方塔园等的设计背景,融合东西方文化的创作方法,包括意境的生成和理性感性两条线索的把握,建筑学科存在的问题,如原创性的缺乏以及未来的发展方向等。

　　冯纪忠先生 1915 年生于河南开封,1926 年移居上海。1934 年进入上海圣约翰大学学习土木工程,1936—1941 年在维也纳工科大学留学,并获德国洪堡基金会奖学金。1941—1945 年在维也纳多个建筑师事务所任职。1946年回国后任上海同济大学、上海交通大学教授,1955 年起任同济大学建筑系系主任近 30 年。1956 年在同济大学创办中国第一个城市规划专业,1985 年招收同济大学建筑与城市规划学院首批博士生,他的学生包括王伯伟、赵冰、刘滨谊、黄一如、曾奇峰等。1987 年被美国建筑师协会授予荣誉院士(Hon. FAIA)。他的设计作品包括武汉同济医院主楼(1952)、松江方塔园(1982)等。

　　冯纪忠先生(以下简称"冯")是一位真正富于创造性的教育家和建筑师。在中国城市规划和建筑设计现代化的历史进程中,他以其哲学思想塑造了同济大学建筑与城市规划学院;由他设计的方塔园在台湾学术界被誉为中国现代建筑的坐标点。2006 年新年伊始,笔者(以下简称"访")有幸在上海寓所见到了冯先生。

　　访:即使在我们这代人心中,方塔园也代表了一个难以企及的高度。何陋轩对竹构的探索,比今天业界对竹子的推广早了 20 多年。您能不能谈一

---

　　①　本文成稿时间:2006 年 1 月。

下当时的设计背景？

　　冯：实际上一个原因是资金缺乏。公园本只想要个竹亭、竹廊之类，但我不想要一般的做法。从形象上说，当时从嘉兴到松江，很多民居也是这样，后来就越来越少了。另一个原因是当时在观念上稍微新一点的东西，比如方塔园，当时还只造了大门和堑道，就已经遭到无知者的批判，即所谓"精神污染"。至于竹构，那是中国的特点。何陋轩设计的时候主要就想和普通的不一样。蕴含的观念会更新一些，也可说是对那种无知污蔑的反抗吧。

　　访：在 Fletcher《建筑史》（第二十版）中收录了您的两个作品，除了方塔园，还有同济医院。

　　冯：当时国内的医院设计主要还是形式主义，概念上比较新的还有华揽洪设计的儿童医院和夏昌世设计的广州医院。儿童医院在北京，难免要用民族形式，不过并不呆板。夏昌世的设计主要考虑门诊部、住院部等的联系，按功能划分，这是比较好的。同济医院基地很窄，两边都是住户，也不能做高。当时的条件现在很难想象，深桩都没法打。打桩机也没有几个，都是借用一下就还了。而且也缺少材料，好不容易找到的一批现成钢窗，是外国人留下的，只有一个尺寸，只能微调，所以窗格就是现在这样。另外我考虑得比较长远，考虑了冷暖气。我认为早晚全部建筑要用空调，所以结构上要预先考虑，走道、竖井全都考虑了。后来空调安装起来就很容易。

　　访：同济医院和何陋轩相隔近三十年，风格不大相同，同济医院更接近现代主义风格，而何陋轩则有更多东方情趣或者说本土观念，这是否代表您在思想上有所转变？

　　冯：这个看怎么说，传统并非完全要在形式上体现。传统文化体现在意境上。方塔园的宋塔收分线很美。我们认为方塔园就应该有宋朝的味道。主题是宋塔，也并不是真的把宋朝的东西都搬来，不是在形式上，而应该在味道上匹配。味道就是意境了。对于意境，《辞海》的解释不太准确，它归纳为"境"与"意"相遇就变成意境。其实应该是意象的积累或意向的组合生一个"境"出来，"境"是人的心情。就这样，每个东西，包括细节，都要考虑宋朝的味道，但它并不是宋朝的东西，而是新东西。里面所用的对比、刚柔等手法，是有意识地在每个方面都这样考虑。我们是中国人，只要主观地去想这

21

个意境,就会和外国人不同,因为我们的想法是从中国文化来的。所以意境并不是从形式考虑,当然最后东西的产生还是形、象。这个思想可以说我是慢慢体会到的,也可以说我认为这是很自然的。

方塔园最初只有塔和影壁,然后搬来了一个天后宫的殿,布置就很重要了。这三个时代的东西难以按轴线放置。塔和影壁本身就不在一条线上,加上两棵二百多年的大树,方塔园自然而然就不是对称布局了。在空间上既要有变化,又要有规律。这个规律也跟宋朝的规律一样,不呆板,是很活跃的东西。宋朝的文化最能代表中国的文化,比如瓷器,宋以后的瓷器越来越薄,越来越精细,但造型上比不上宋的味道。唐朝(的瓷器)倒是有一种粗壮的感觉,但也没有宋的味道,前后都不如宋朝。

方塔园这样做还因为东西少,其他东西都是新加的。新建的建筑不应该违背主题,而要突出主题。主题出现的时候要烘托主题,别的东西都稍微压低一点,那么四个角处理上也和塔院稍微隔开一些。

访:您担任同济建筑系主任多年,建筑教育的主要方向如何把握?

冯:怎么认识建筑学?建筑学应该比较全面,包括整个外部环境和建筑内部。特别是外部的环境,包括城市环境以及自然环境。当时的建筑学专业还纯粹只是建筑学。中华人民共和国成立后到处都在发展,才有了城市规划。那么城市规划是不是建筑学再加一点知识就行了?我认为不行。如果只是建筑学的话,对城市来说不够、不全。不能只是简单地放大。城市有供应,有交通,有其他方面,建筑学加点课,还是没有办法摆脱本行的思维方式,所以当时就想成立规划专业。而真正的园林则应该有建筑的基础、规划的知识。这种建筑学、规划、园林三位一体的思想当时就有。不过一开始设立这么多专业不行,但始终有绿化这门课。

我们先争取到了规划专业,1956 年正式批准成立。其实此前规划专业就开始了,在院系调整以后就开始招生,很及时。后来大发展,到处都需要规划人才。可惜规划一直得不到重视,都以为建筑师就可以做规划了。发展这个规划专业还比较困难。要是比画透视图,搞城市规划的人会差一点,因为这不是训练重点,学规划的人要学习其他知识。所以规划专业学生的图纸没有其他专业画得好。现在大家终于认识到了城市规划的重要性。可惜其他学校的城市规划专业很晚才成立,有的到(20世纪)七八十年代才成立。

访:中国现在城市化快速发展,需要大量规划专业人才。同济规划专业人才的长期培养和积累起到了非常重要的作用。

冯:是的,不过当时学生出去工作很困难,开始是因为大家都不重视;后来比较重视一些,但是规划专业学生数量不多,所以规划还是得不到足够重视。

访:您在同济大学创办规划专业时,指导思想是不是一开始就和CIAM(Congrès International d'Architecture Modern,国际现代派建筑师)有区别?

冯:在CIAM那个时候还是纸上谈兵,比较空,所以柯布西耶这样出名的人,规划做得不好,没有脱离老套,也就不可能创新。后来尼迈耶的巴西利亚也是空荡荡的。他们身上老的东西没有化开,所以其规划研究只能算是半成熟。欧洲在大战之前,规划新思想是有的,但是没有发展的必要,因为城市都已经基本成型,人口基本上都是稳定的。当时的法国、瑞士、奥地利人口都不增加了,城市规划的要求不像中国那么多。即使在第一次世界大战以后,欧洲的发展也主要是在住宅方面,而不是城市规划。第二次世界大战以后就不同了,有的城市遭到严重破坏了,很自然地发展起了城市规划。当时最先进的城市规划是1954年左右的伦敦规划,然后是华沙规划,这两个是大城市规划,真正是现代城市规划的开始。我们因为经历了大战,也认识到规划的重要性,当然也受到了CIAM的影响。

现代城市规划本身当然也有很多不足,比较明显的一点是它不适合中国:那些国家的规模和原来的基础都和我国不同,欧洲的战后恢复也比我国快。当时发展规划是因为我们迫切需要,也因为没有什么建筑项目,像比较有名的陈植、赵深、杨廷宝也没有多少项目。当时我刚回国,和金经昌同船,他一回来就搞上海城市规划,我当时是在做南京规划,后来就一起在同济大学创办了规划专业。

访:好在有城市规划专业多年的发展,不然今天中国的快速城市化过程会困难得多。

冯:现在又不同,现在我已经跟不上形势了。(笑)现在规划的问题更加

细致，规模也不同。现在看来规划的范围至少是城市群和区域规划。但是万变不离其宗，基本上差不多，只是需要研究的问题更深入、更细致，规模更大。但是，现在规划还是没有跟上，有些地方遭到破坏，增加的东西不恰当，也更乱，因为发展太快，思想跟不上。主观的原因也有，建筑师还是抱着形式主义不放。建筑的问题在形式主义，规划的问题也在形式主义。另外，最主要的客观原因是以利润为目标，把这些问题都归罪于建筑师太不公平。建筑师当然应该有敬业精神，他认为是对的就是对的，他认为是错的应该大胆指出。

访：在同济大学的讲座《门外谈》中，您讲诗，讲意境。意境是不是更多反映在园林中？

冯：当然是。但实际上讲园林，不光是讲园林建筑，普通的建筑也在自然里，只是它的邻居都是建筑，就是环境了。建筑跟自然接触，那么就和自然有很强的关系。当我跟自然摆在一起，是应该表达我不同于自然，更多地表达自己的个性呢，还是应该比较谦虚地和自然配合，甚至突出自然？在这点上中国人和外国人确实不同。原因之一是中国人对自然比较尊重，回归自然，和自然配合，甚至强调自然。

为什么我们会从最初的惧怕自然到认识自然、亲近自然？中国人认识自然比较早，我所说的认识不是科学上的认识，而是美学上的认识。欧洲国家如瑞士，山都有四五千米高；中国西安以东、大漠以南的大片国土，绝大多数山海拔都在 1000 多米，泰山才 1500 多米，但已经是"登泰山而小天下"了。中国人和自然没有那么对立也和这个有关系。自然本身比较亲和。一是不怕，二是可达：所有这些景观，都可以上到顶，像黄山、泰山、峨眉山。欧洲的山在过去没有那么容易上到顶。到得了，而且不怕了，才能有美感。而中国的山确实也很有意思，形态多样。概括来讲就是这样。

访：意境是很东方的概念，也许只可意会，不可言传，难以评价。您在风景园林的一些研究中提出了旷奥度、计算机分析等，是想把意境变成可以理性分析的东西吗？

冯：主要是利用遥感开发风景的问题。开发风景要考虑很多方面，在审美上主要是旷奥度。中国人口众多，景区开放后游客数量剧增，也需要新的风景。要找新的风景,光靠踏勘很多地方都到不了。而利用遥感可以画出各种图,再有意识地利用这些选择线:首先是选形,形最根本的就是旷奥的问题。旷奥不是我讲的,是柳宗元讲的:"游之适,大率有二:旷如也,奥如也,如斯而已。"

访:这样就把很难表述的东西,比如风景的美,变得可以衡量。

冯:对。当然还有其他东西配合。首先是植被,还有土质,都可以依靠遥感,当然还要踏勘。但是已经有大体的概念,很多踏勘工作就可以省掉。国外有遥感,但没有用到风景上面,没有把旷奥度作为研究对象。把遥感用于风景开发,我们是最先做的。1986年左右,刘滨谊在三清山这样做过一次。

最近开过一个Landscape(风景园林)的国际会议,讨论Landscape的课程安排,大家主张不同,最后把风景园林说成是不完整的。园林这个专业现在确定是叫景观了,不过名字不重要,重要的是内容。景观专业的基础确实是园林,但是发展之后就不再局限于园林,所有环境都是其研究对象。Urbanscape(城市景观)也是有道理的,景观就是用来观赏的,是眼睛可以看到、身体可以感觉的环境,所以城市才有绿带、公园,这些都属于园林。另外,开发风景,如刚刚讲的利用遥感开发风景,也并不光属于测量系,这需要测量的知识,也要有建筑学和城市规划学的基础。园林学的范围很广,要懂得园林怎么设计,也要懂得怎么欣赏自然美,怎么寻找,怎么开发,用什么标准发掘。园林学包括了这么多方面的内容,这要追溯园林的历史。这次开会说过去的园林内涵不如景观,我们认为过去(园林)的范围就是这么大。从本科到硕士、博士专业,这些方面的内容都有。当时我就有意识这样安排,也许每个点的深度还需要代代积累,但各个点都安排到了。像吴伟、黄一如,题目都不一样,就是先播"种子"。到现在这几个"种子"其他学校都还没有。

访:这也受到教育部取消风景园林专业的影响。

冯:当时搞了个旅游专业代替。这有点开玩笑。好在我们旅游专业的教师和课程体系还是风景园林专业的。单纯以旅游来推动景观开发太糟糕了,所以很多地方搞得不像样,现在又要拆。开发旅游是可以的,但是要有

景再去旅游,而不是为了旅游拼命造景。结果造出来的都是假古董。谁先谁后,就像是马拉车还是车拉马?

(停顿片刻)

建筑学、景观也好,甚至城市规划也好,一是要有理性的分析,一是要有审美的激发,两条线要并行。依靠什么并行? 依靠的是普通的、大家都理解的东西——具体的形、象,来组成意境的结果。我搞空间组合,是针对当时不以空间而是用实体、外表来考虑问题的形式主义。欧洲在现代主义之前是这样的,我们那时也是这样。当时我没有谈美观的问题,因为没法谈。可他们倒是一天到晚谈均衡、对称,这不是美是什么? 这是形式主义,怎么能算是原理呢? 当时的方针政策也有问题,适用、经济、在可能条件下注意美观。美观怎么会有不可能的条件呢? 就是草棚子也可以美观,这就是我做何陋轩的主张。

理性分析的一条线是这样的:从自然环境到建筑的关系,一直到建筑内部空间的组织,这些组织如何构建起来,是结构;之后搭头的地方怎么细致设计,是构造;还有材料的性能和材料的表面、形式,最后成功组织建筑,是适用而且经济的。

感性的一条线怎么来? 感性,来源于我们积累的许多印象,可能是书本的、实地的、踏勘的,人有了经验,就有表象。为什么叫表象? 同一个东西,我所注意的是颜色,他看到的可能是形状,这就不是象,是表象,包含个人的选择。表象积累起来,摆在那里随时可以拿,它当然越多越好,最好各方面都有。到设计起步时,我就会选择这些表象,经过选择的表象就成为意象。随着设计深入,意象越来越多,也包括理性的,因为要考虑环境、内部结构来构造这条理性的线。这两条线没有前后,是平行的,平衡发展。最后发展到我很"得意",内部很实用,也很美,就有一个意境出来了。意境不是境与意摆在一起,而是这样生出来的;不是在最后才冒出来,而是酝酿出来的。开始可能很模糊,但是有好恶,因为表象的选择已经包含了好恶;理性这条线也要选择,也有好恶。从表象里选择意象,一步步都是这样过来的,最后意境自然而然就出来了——不是境意的结合,而是感性和理性的结合。

理性的这条线我们现在渐渐通了,但是感性的这条线还没有通,这有两个原因。一是很多设计并不考虑环境,唯我独尊,老的全拆光,没有前头一段,只有后头一段。个人的东西没有经过其他具体的东西变成表象,更不用讲意象了。这样就先有了形象。另外一种是把房子照理性做好以后,总觉得不舒服,加点装饰,把不对称弄成对称,轻重不对再加点分量,形式是后来的。这两种形式主义,后者是以前的毛病,先有形式的是现在的毛病,怎么能把它们当作原创呢?中国这么多建筑,少就少在原创。外国人在中国的设计也少有原创,有些人的设计在自己国家都不被接受,到了中国却被接受了。(笑)

访:是啊,现在的中国是外国建筑师的实验场。

冯:老实讲,有些东西不值得看。不是说全都是这样,我们也不能太守旧。我们有些东西比如结构,还是老观念,认为规律越强越容易做,但现在有了计算机,所有的曲线都一样能做出来。有些房子曲线很多,也不能就说它是形式主义。如果形状好,结构也做得到,但功能不够,理性不够,那就不能原谅,那是个人表达欲太强,太想出风头。个人风格完全没有当然也不好,但还应与旧事物有某种联结。

原创需要由理性的基础和感性的审美生成。两条线不是分开的,而是混合的,混合要根据具体的任务而来。任务不同,两条线的关系就不同;而且两条线不是呆板的,可以变化、跳跃、省掉一点。这两条线无所不在,也并不局限于建筑,还比如在桥梁设计上。现在谈抄袭和原创,好像中国建筑师都不能原创,其实是没有原创的机会啊。

除了原创,还有难以解决的问题,如保护问题。遗留的东西要保存,一提到保存,有的地方就乱来。本来应该保持的反而画蛇添足。

访:现在的建筑教育体系主要来自西方,中国古代师父带徒弟的方式是否可能与其结合呢?

冯:师父带徒弟,西方过去也有。我在维也纳念书,以前也是师父带徒弟,因为教学范围小,后来便不再用了。本科建筑教育还是集体的方式好,各专业可以更专。我看新学校需要集中教学,如果学校比较稳定,也可以分散教学,可以根据老师调整。当然,研究生阶段还是师父带徒弟为好。

我倒是赞成教法要"广",学生习惯了"广",出了学校也就会"广",选择

也会"广"。建筑师在学校里是不会成熟的,需要在外面做事才能真正成熟。现在的问题是学生花很多时间在外面设计,这不利于他们的教育,学生就应该在大部分时间专心学习。

访:中国古代村子的形成,可能是因为血缘关系、风水等影响慢慢形成。现代新城的建设则依赖规划体系。这两种方式能否结合?或者说本土方式和现代规划如何结合?

冯:不能这样比。所谓风水,其实是通过理性地分析环境得出的环境意象。靠山,面水,大门、正厅朝向等都是理性的分析,只不过是用感性的方式表达,把内部的规律表现在外部的"形"上。所谓风水,其实是结合了自然的设计。而风水先生要人家接受,就要用文学、哲学的东西来修饰,显得更深奥,或者把看到的东西提醒一下,其实大家都看得到。我对风水就是这样的看法。(笑)十三陵有个轴线,两边有青龙白虎,轴线之所以弯,是为了顺应自然。现在的规划反而总是一条直直的轴线。浦东也是这样,当然浦东还好,并没有地形,但是要不要轴线就是浦东的问题。沪西并没有轴线,它是自然发展的,在政治上发展的,不是在形上发展的。两个租界并行往外推,推出了两个主线而不是轴线——南京路和淮海路。南京就不是这样。它是整个大范围有山有水,比较短的部分用直线那样比较好办,容易分配基地。

访:您是中国建筑学科的奠基人之一,对于学科未来的发展,您觉得应该注重什么?

冯:我一直比较注重文学的修养。现在有人提"汉学",把《论语》《孟子》《三字经》都加入课程,光这样不行。能背《论语》就掌握中国文化了吗?我们需要吸收各方面的知识。中国有很多东西很美的。只要让学生对中国文化有基本概念,都可以学,不一定非要抱着几本老书。中国文化并不只是孔教。我还是赞成有选择地教学,在文学里选,广泛地选。不一定非诗不可,或者非文不可。

设计有思考的过程,这时常会让我无意中想到一个文章的"气"。"气"是要背的,所以有些文章还要背。举例来说,《醉翁亭记》的二十一个"也"字用得多好,"环滁皆山也",大范围的。然后一步一步,"其西南诸峰,林壑尤美"已经变成局部。"山行六七里"已经进入里面了,然后再看到亭子。这样

"气"就顺了。如此设计我们就能得到从大到小的一条线,这是一种"气"。有的"气"很壮,如《封建论》。有些文章雄辩,如梁启超的文章,转来转去,把主题从正面讲、侧面讲、反面讲,最后把主题讲得非常清楚。声调也有很大作用,许多文章光看不行,照着念一遍,文气就出来了。所以不在乎古文还是现代文,只要选真正有中国文化、真正有中国味道的文章都可以。只盯着几本书没有必要,那是研究生研究某个人的课题做的事。

有了"气",就有了"势","势"有推动力,这条线就起作用了,就能出现"形"。中文的字也有"气",有一种气是凝练的,如楷体,而草体简直是飞动的,设计时就可以考虑。要提倡对中国文化的汲取,而不必要也不用把学生训练成孔教徒。(笑)

访:嗯,应该从文化的角度来提倡。

后记:冯先生虽90岁高龄,仍然神采奕奕,思路敏捷清晰。与他谈话,我首先感受到的是他的人格魅力,他屡屡赞誉他人,对自己的设计轻描淡写,对错误直言不讳;其次是他的视野,谈任何事情都是上下纵横,融会东西;再次是他的学臻化境,至深的道理却总能用至浅的语言来解释。谈到本土,冯先生多以原创代替,他家学深厚,那该是自然而然的,或许多谈本土倒容易招致狭隘和形式化;谈到学科的未来,他则直接谈文学修养,谈文章,文字的气、势、形,在他看来,传统文化的浸润对未来的中国建筑师来说也应是自然而然的,不必多说,却必不可少。而作为后辈,笔者的偏颇和狭隘之处,经冯先生一席话,顷刻消解。

参考文献

[1] 同济大学建筑与城市规划学院.建筑人生——冯纪忠自述[M].上海:上海科学技术出版社,2003.

[2] 同济大学建筑与城市规划学院.建筑弦柱:冯纪忠论稿[M].上海:上海科学技术出版社,2003.

与高层建筑一体化的城市
太阳能热气流塔[①]

大型太阳能热气流塔建造成本高,技术难度大,这是其在短期内难以大规模发展的瓶颈。本文通过武汉新能源研究院的建筑设计案例,提出建造与高层建筑一体化的城市太阳能热气流塔,可大大降低成本:烟囱可以和建筑的电梯井一体化设计,避免了单独建烟囱需要的大量结构投入;集热棚可以和屋顶花园一体化设计,为建筑提供遮阳和公共活动空间。这种小型化、分布式的太阳能热气流塔,成本相对较低、易推广,可能形成分布式的供电网络,还可以提供更多的实验数据,为大型太阳能热气流塔建造积累经验。

1 序　　言

当前我国能源形势严峻,发展可再生能源刻不容缓。在现在所知的可再生能源中,发展潜能最大的就是太阳能。全球年能量消耗总和只相当于太阳照射到地球表层约 40 min 产生的能量。中国的太阳能资源充足,三分之二以上地区的年日照时数大于 2200 h。因此太阳能发电是发展新能源的首选。在各种太阳能发电技术中,光伏电池造价高,生产过程污染排放量大,并不符合发展中国家的消费水平。太阳能热气流塔却是运用简易方式利用太阳能发电的杰出代表。它的原理并不复杂:让阳光照射温室,室内空气受热升温,热空气通过高耸的烟囱上升,推动发电机发电(图 1)。

太阳能热气流塔优点如下。

(1)安全环保。同核电站相比,无核泄漏等危险;与火电站相比,无环境污染及废气排放。

---

① 本文成稿时间:2011 年 1 月。

（2）具有绿化效能。温室能为植物生长提供较好条件,可增加荒地或沙漠植被面积,还可吸收温室气体和固化灰尘。

图 1　太阳能热气流塔发电技术原理

（作者自绘）

2　太阳能热气流塔发展的瓶颈

笔者参与太阳能热气流塔设计时研究发现,它也有自身的技术瓶颈。

1. 温室造价高,难维护

集热棚直径超过 1 km,尺度超大,建造中的小问题就变成了大问题。应对雨、雪、风沙等极端气候环境是很复杂的问题,一场暴雪就可能将温室全部压塌。虽然温室技术简单,控制性价比却成为技术难题。如果使用玻璃加钢结构,整个温室造价需占太阳能热气流塔总造价的 50%,而如果使用薄膜,国产薄膜寿命短,进口薄膜造价高。因此必须通过设计解决气候问题。

2. 烟囱超高,结构投入大

烟囱高达 500 m,甚至 1000 m,属于超高结构,且周边缺乏辅助的结构支撑构件,对结构的要求非常高,结构投入非常大。

3. 能源转换效率低

太阳能热气流塔发电转化率通常在 3% 左右,有大量的太阳能没有被利用。除了在发电机效率、热气流组织等技术上的改进外,能否通过其他组合手段来提高转换效率呢?

太阳能热气流塔本身规模巨大,就是一个巨型建筑物(图2),是否可以将太阳能热气流塔和可利用的建设空间结合起来? 如此,则同一空间就能够得到多重利用,土地利用率提升,单位面积造价下降,这也正是城市太阳能热气流塔构思提出的目标。

图2 西班牙马德里南部的太阳能热气流塔样板电站

3 城市太阳能热气流塔的建造模式

在城市中富余大量太阳能,缺少电能和绿化面积。而城市太阳能热气流塔能使富余太阳能转换为电能,并增加绿化覆盖率。

建造太阳能热气流塔发电有三个必要条件:①太阳能,太阳能必须充足;②温室,能吸收大量太阳能,产生足够的高温气体;③烟囱,联系底部高温气体和高空中的冷空气,使空气高速流动。从理论上讲,满足以上条件即可建造太阳能热气流塔,用来发电。

3.1　建筑屋顶做温室

在城市中,屋顶有大量富余太阳能,完全可以作为城市太阳能热气流塔的温室。用建筑屋顶做温室一举多得:既节省了建造温室需要的大量土地,又增加了大量绿化面积,还能改善屋顶的隔热效果。在发达国家,屋顶绿化是正在大力推广的技术。假如每个屋顶都能够实现绿化,城市开发过程中所损失的绿地面积将可得到补偿。这些绿化空间能够吸收城市空气中的灰尘、废气、温室气体等。

3.2　高层建筑做烟囱的结构支撑

如果单独建造超高的烟囱,造价高,占地面积大。故采用依附建设的方式最为可行。可利用高层建筑作为依附体,沿外墙设置烟囱,亦可将烟囱整合在建筑单体内部的电梯井、管道井中,单独或混合使用均可。在满足功能和结构合理依附的情况下,还需处理好太阳能热气流塔与建筑造型的关系,使其融入单体,并成为建筑外观设计的一部分。

3.3　采用小型分散式网络布局

利用屋顶作为温室,依附高层建筑设置烟囱结构,是因地制宜的做法,可以减少投资,但规模不能太大。城市中连续屋顶难以超过 200 m,高层建筑高度也多在 100 m 以下。因此城市中分散式的中小型电站更易于建造,电能在传输中的损耗也相对减少。现有的智能电网水平已经能为分散的太阳能光伏电池提供并网技术,所以分散式的发电系统与城市电网无缝衔接也不成问题。

3.4　城市太阳能热气流塔的建造模式

建造城市太阳能热气流塔的基本模式如下。

(1)在已形成的建筑群中,利用较低建筑屋顶做温室,利用高层建筑外墙搭建太阳能热气流塔烟囱,对二者的结构稳定性均有益。

（2）在新建造建筑群时，利用较低建筑或高层建筑裙房的屋顶做温室，太阳能热气流塔的烟囱则可以结合高层建筑的核心筒综合考虑。

（3）在部分道路、地面停车场和不需要日照的硬地上方，可以建造架空绿化层作为温室，这些场所也因此产生绿化，更为舒适、美观。

4　实　　例

武汉新能源大楼是笔者将太阳能热气流塔与高层建筑整合的案例（图3）。设计的主要原则就是将技术设施与建筑功能进行整合。只有整合才能一物多用，降低造价。

图3　武汉新能源大楼效果图

（作者自绘）

4.1　集热棚＋门厅＋活动广场

为了满足集热功能,集热棚必须设置在建筑南面;为了使覆盖面足够大,集热棚必须覆盖整个建筑的南面;为了不影响主楼底层的采光,把集热棚切成四份,设于建筑的西南角。这样既不影响塔楼采光,又满足最佳集热角度,造型流畅。集热棚集生态景观、市民科技文化展示广场、建筑整体出入口为一体,空间开阔、大气,造型新颖。它底部架空,为市民提供有遮蔽的活动空间。这样一个巨大的半室内空间,完全依靠人工采光并非不可行,但有悖于节能减排的宗旨。因此在设计中增加了采光孔,让光线可以透过集热棚的底板照射到底层的大厅(图 4)。

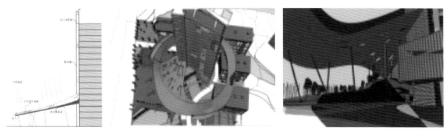

图 4　武汉新能源大楼太阳能热气流塔发电集热原理及集热棚活动广场效果
(作者自绘)

4.2　集热塔＋电梯井

集热塔塔身结合塔楼形体及电梯间整合设计,力图使结构、功能、形式、技术和谐统一(图 5)。办公楼高达 80 m,在核心筒局部增加一个直径 4 m 的烟囱,造价不高。正常的由电梯井和设备井组成的核心筒会高达 85 m,设计中把烟囱拔高到 100 m,很适合小型热气流塔使用。为了让造型更加美观,在烟囱周围还附加了张拉膜,既增强了结构稳定性,也有很强的标志性。

4.3　效益分析

在这个案例中,技术上并没有特别突破,把主要精力放在了太阳能热气流塔和高层建筑的整合处理上,并因此效益倍增。该建筑相对于同类建筑造价增幅在 5% 以内,但通过综合利用,包括太阳能集热墙体、地源热泵、风

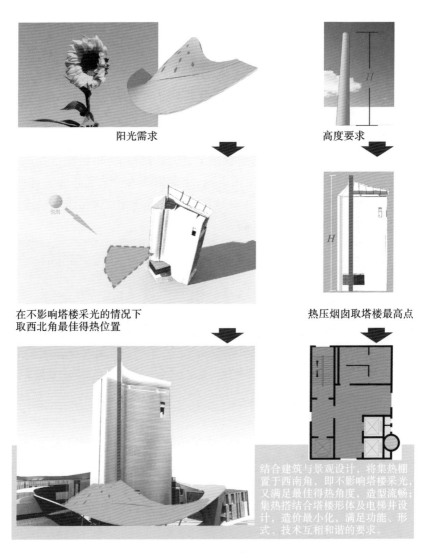

阳光需求   高度要求

在不影响塔楼采光的情况下   热压烟囱取塔楼最高点
取西北角最佳得热位置

结合建筑与景观设计，将集热棚
置于西南角，即不影响塔楼采光，
又满足最佳得热角度，造型流畅；
集热搭结合塔楼形体及电梯井设
计，造价最小化，满足功能、形
式、技术互相和谐的要求。

图 5 武汉新能源大楼太阳能热气流塔与建筑功能景观一体化

(作者自绘)

力发电，加之使用更加节能的建筑设计策略，相对于同类建筑可节能 35％。

城市太阳能热气流塔有下列优点。

(1)把高层建筑作为资源复合利用。结合核心筒建造烟囱，结合入口大
厅做集热棚，节省费用。建造成本低，技术可行性高。

(2)提高城市绿化率,优化城市微气候。为城市增加大量屋顶绿化,吸收更多温室气体、废气、灰尘,提高城市空气质量,低碳环保。

(3)对停车、道路等采用架空的方式做绿化屋顶,可以带来有遮蔽、更舒适的室外活动空间。

5 后续研究

要完善城市太阳能热气流塔的设计,还需要综合考虑多方面的因素,并解决以下问题。

(1)组合模式:通常100 m和150 m是我国高层建筑的不同等级界限。如果因地制宜选用高层建筑,烟囱直径和温室体积之间为何种关系时,才能形成效率最高的发电组合?

(2)烟囱:烟囱的形式如何设计,如何组织气流进入烟囱?为不使建筑内部功能空间受到热空气的影响,烟囱和电梯井等采用什么布局方式更为合理?

(3)温室:覆面材料需要透光性、耐久性、隔热性、牢固性。采用什么样的结构体系,才能保证其既牢固又轻盈美观?才能既符合屋顶承载能力的要求,同时还兼顾屋顶的防水性能?

(4)电能的综合管理:如何同城市电网协调配合?

(5)规划布置:城市太阳能热气流塔应布置在哪些区域?布置多少?如何布置?必须从城市规划的宏观角度进行整体布局。

(6)噪声控制与安全保证:由于太阳能热气流塔贴近办公空间,必须想办法控制噪声,并保证整个设施在区域中建造和生产的安全性。

6 结 语

如今城市普遍存在"城市病"。一方面,灰尘、温室气体和其他废气多,空气质量差;另一方面,绿化面积太少,而建筑屋顶和道路广场的太阳能多数时间是浪费的。城市太阳能热气流塔能有效缓解"城市病",它不仅无污

染,以较小成本解决城市能源短缺的问题,同时还能形成城市立体绿化系统,减少灰尘的产生和有害气体的排放,提高城市空气质量和人们的生活质量,使现代城市更低碳、更健康、更舒适、更宜居。

参考文献

[1] 中华人民共和国国家发展计划委员会基础产业发展司.中国新能源与可再生能源(1999 白皮书)[M].北京:中国计划出版社,2000.

[2] 谷铁柱,王侃宏,李永,等.屋顶绿化对温室气体减排的贡献[J].建筑节能,2007,35(7):46-48.

[3] 哈拉雷.世界太阳能高峰会议　哈拉雷太阳能与持续发展宣言(草案)[J].太阳能,1997(2):2.

垂直绿化对街道峡谷内 **PM$_{2.5}$**的 影响研究[①]

近年来,细颗粒物PM$_{2.5}$引起的空气污染问题引起了社会的广泛关注,垂直绿化有较好的细颗粒物沉降效果,有望成为改善空气质量的有效办法。本文用ENVI-met数值模拟的方法,对不同峡谷街道宽高比、不同垂直绿化布置方式进行多工况的比较分析,总结垂直绿化对PM$_{2.5}$影响的一般规律。结果表明,垂直绿化对PM$_{2.5}$的影响有两种:移除颗粒物和影响颗粒物分布,分别对应垂直绿化滞尘量、PM$_{2.5}$浓度改变量。街道宽度保持不变时,垂直绿化作为建筑外表皮能有效降低PM$_{2.5}$浓度;垂直绿化滞尘量随高度的升高而降低。

随着我国城镇化进程的快速化发展,机动车保有量不断增长,城市空气污染越来越严重,其中一个主要污染源来自车辆尾气排放。根据环境保护部(现更名为生态环境部)的统计,2013年雾霾面积高达143万平方千米,至2015年,空气质量达标率仅为21.6%,2017年1—2月,全国338个地级及以上城市平均优良天数的比例同比下降4.8个百分点。WHO(世界卫生组织)全球疾病负担评估报告指出"颗粒污染"是中国第四大致命因素,导致中国160万人过早死亡。机动车尾气排放的交通污染物是街道峡谷中PM$_{2.5}$的主要污染源。

绿化是降低空气污染的主要手段之一,城市用地紧张,绿化用地有限,因此应拓展垂直绿化以应对污染。垂直绿化不仅弥补了地面绿化的不足,在改善建筑室内外环境、建筑节能方面都有重要作用。大量研究表明垂直绿化能通过植物滞尘效应净化空气。Pugh等人研究发现,墙面绿化比屋顶

---

① 本文改写自刘小虎指导、毛敏撰写的硕士论文。成稿时间:2017年6月。

绿化能更有效地降低街道峡谷中的污染物浓度,污染源 NO_2 和 PM_{10} 的排放总量下降了 2%～11%。加拿大圭尔夫汉博大学(University of Guelph-Humber)的室内活墙与建筑物的通风设备整合成为一个封闭的系统,空气通过一次该系统,可以去除 90% 对人体有害的成分。

关于垂直绿化对空气的净化作用也存在争议。有研究表明,绿化带会明显改变街道峡谷中的流场分布,使污染物扩散受阻,导致污染物浓度升高。Annett Wania 等人发现植被主要通过改变来流风速和湍流分布来影响颗粒物扩散,植被使风速降低,抑制空气流动交换,阻碍颗粒物扩散。Ries 和 Eichhorn 的研究结果表明植物增加了背风面近地面的风速,同时降低了街道峡谷内的整体风速,尤其降低了植物背后的风速,导致污染物的浓度增加了 2%～4%。

本文旨在研究街道峡谷内垂直绿化净化空气的作用以及正确配置垂直绿化的方法,用 ENVI-met 数值模拟的方法探讨垂直绿化对街道峡谷中 $PM_{2.5}$ 的影响。主要针对不同峡谷街道高宽比、不同建筑相对高度、不同来流风向,进行多工况的比较分析,量化垂直绿化滞尘量和 $PM_{2.5}$ 浓度改变量,掌握垂直绿化对两个数值的影响规律,总结出适合布置垂直绿化的街道峡谷类型和垂直绿化最佳作用条件。

1 计算模型

1.1 网格尺寸与划分

几何模型中,考虑到模型边界对模拟区域的影响,嵌套网格数量为 10。模型尺寸为 456 m×216 m×60 m,模型网格数量为 $x=114,y=216,z=20$,单元网格划分为 $dx=4$ m,$dy=1$ m,$dz=3$ m,垂直网格方向采用等距划分方式,近地面网格再细划分成 5 等份。

1.2 植物及污染源参数

模拟过程中涉及的植物类型只有垂直绿化,在数据库中设置的参数为:C3 植物,落叶植物,反照率 0.2,植被高度 24 m,常见垂直绿化叶面积密度 LAD 值为 1~2 m^2/m^3,本文设置的 LAD 数值均为 1。

ENVI-met 数值模拟没有设定好的实际可使用污染源,所以需要先根据机动车颗粒物的排放特点估算排放速率。根据 Cheng 等人对机动车 PM$_{2.5}$ 排放因子的测定得出以下计算公式:

$$E = 0.0669 \times NDV\% + 0.125 \qquad 式1$$

式中,NDV% 为非柴油机动车辆数量所占百分比。研究路段行驶车辆大多为非柴油机动车,近似认为 NDV% = 100%,计算得出排放速率为 111.8 $\mu g/(m^2 \cdot s)$,为计算方便,排放速率取 112 $\mu g/(m^2 \cdot s)$。排放速率 24 h 恒定,不考虑机动车车流量日变化对排放速率的影响。

1.3 初始环境参数

为使软件模拟能更加真实地反映当地微气候变化,强制设定当地温度值和湿度值,根据武汉 4 年的 PM$_{2.5}$ 月浓度均值统计发现,12 月及 1 月是 PM$_{2.5}$ 浓度最高的月份,选择以上两个月中一天的气象数据作为边界气象数据,输入 2016 年 12 月 31 日的气象数据。18:00 是车行、人行高峰时间,后文主要的观测时间即 18:00,模拟时间从 00:00 开始,计算周期为 24 h。

模拟时初始空气温度为 279.32 K(输入当天气象数据时自动生成),风速为 1.8 m/s(武汉冬季室外平均风速),空气相对湿度 82%(输入当天气象数据时自动生成),风向根据工况改变。模拟周边环境条件与核心区的条件类似,因此入流边界条件选择循环式。其他边界条件参数见表 1。

表 1 初始环境参数设置

分 类	参 数 设 置	
基地位置	武汉市	(30.35N,114.36E)
	近地面粗糙度	0.01

续表

分　类	参　数　设　置	
气象参数	风向/(°)	90
	10 m 高风速/(m/s)	1.8
	初始空气温度/K	279.32
	2500 m 高度含湿量/[g(水)/kg(空气)]	7
	2 m 高相对湿度/(%)	82
	云量	无云
污染源参数	类型	$PM_{2.5}$
	排放形式	面状排放
	排放高度/(m)	0.3
	排放速率/[μg/(m² · s)]	110

1.4　模拟对象

几何模型是结合实际场景以及前人关于街道峡谷污染物研究经验所绘的,如图 1 所示。图中,目标区域离边界的距离为 $3H$,防止边界环境影响对目标区域的计算造成影响。H 为建筑高度,W 为街道宽度,$H=24$ m,W 随街道宽高比变化。M1 和 M2 分别为迎风面建筑以及背风面建筑,M1、M2 建筑表面的垂直绿化称为 M1 面、M2 面,垂直绿化厚度为 1 m,即一个单元格 dy 的距离。单体建筑尺寸长、宽、高分别为 a、b、H。$a=4$ m,$H=96$ m 或 $H=24$ m,宽 b 随工况不同有所改变,建筑与建筑的间距为 0.5 $H=12$ m(H 取值 24 m)。建筑高度为 24 m,因为 24 m 是多层建筑与高层建筑的分界线,建筑高度大于 10 m,小于 24 m,且建筑层数大于 3 层、小于 7 层的为多层建筑。支持垂直绿化应用的建筑类型主要为商业建筑,其中适合布置垂直绿化的主要是裙房,裙房大多为多层建筑。

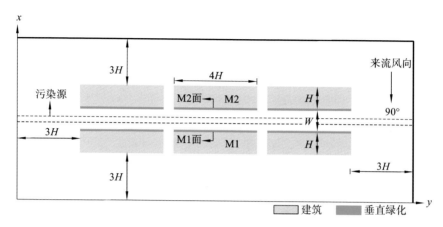

图 1　街道峡谷理想几何模型计算域设置

布置垂直绿化的方式有两种：一种是建筑宽度不变,在建筑外表面直接增加垂直绿化(街道宽度减小);另一种为种植垂直绿化后街道宽度不变(建筑宽度减小)。图 2 为几何模型工况统计。A 组为 $W : H = 1$ 时建筑宽度不变的情况;B 组保持街道宽度 W 不变,建筑宽度 $b = 23$ m,增设垂直绿化;C 组建筑宽度 $b = 23$ m,但并不种植垂直绿化。D 组和 E 组分别为 $W : H = 2$ 时建筑宽度不变增设垂直绿化、街道宽度不变增设垂直绿化的情况。五组内又分为 M1 面种植,M2 面种植,M1、M2 双面种植三种情况。

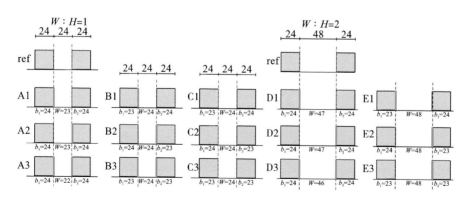

图 2　几何模型工况统计

2 模拟结果

2.1 垂直绿化滞尘量

ENVI-met 数值模拟能根据植物种类、叶面积密度、颗粒物浓度、风速等模拟计算出绿植滞尘量。为方便描述，将街道峡谷内 $x=264$ m、$x=228$ m、$x=192$ m 的位置分别称为上游、中游和下游，图 3 为 B 组和 D 组在不同宽高比（$W:H=1$，$W:H=2$）的街道峡谷中，上、中、下游的垂直绿化（M1 面、M2 面）随高度变化的滞尘量曲线图。

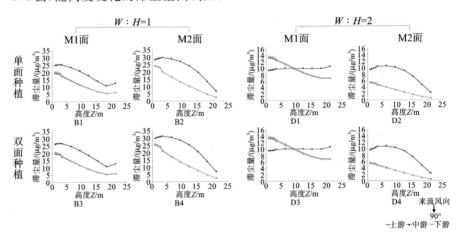

图 3　不同宽高比的街道峡谷中垂直绿化 $PM_{2.5}$ 滞尘量

从图 3 中可以发现，垂直绿化滞尘量随高度的增加而降低，这是污染源距离以及风速共同影响的结果。此外，来流风向为 90°时，中游垂直绿化滞尘量多数情况下最大，上、下游滞尘量接近。

在相同宽高比的情况下，垂直绿化单面种植与双面种植滞尘量差异甚微，M1 面、M2 面的滞尘量有显著不同，因为迎风面、背风面的 $PM_{2.5}$ 浓度不同，垂直绿化在浓度高的环境下滞尘量也相应增加。

对比不同宽高比条件下的滞尘量可以发现，$W:H=1$ 时的滞尘量大

于 $W：H=2$ 的滞尘量,因为宽高比越小,颗粒物越难从峡谷中流动出去,PM_{2.5} 与垂直绿化的接触时间越长,垂直绿化滞尘量越大。

2.2 垂直绿化对 PM_{2.5} 浓度的改变量

为更加直观地观察 PM_{2.5} 浓度变化,将 A、B、C 三组数据与 ref 进行对比,得到下午 6:00 的 PM_{2.5} 浓度改变量($\Delta C_{PM_{2.5}}$),如图 4 至图 7 所示。

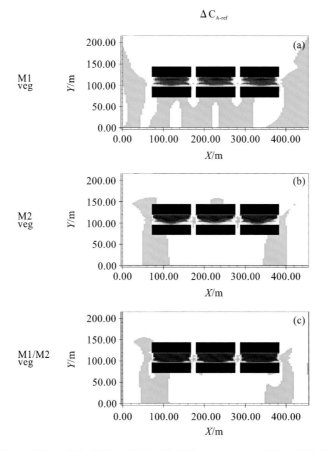

图 4 不同宽高比、不同建筑相对高度下 $W：H=1$ 布置垂直绿化后 PM_{2.5} 浓度改变量($\Delta C_{PM_{2.5}}$)等值线剖面平面图

(绿色:$\Delta C_{PM_{2.5}}<0$ 浓度降低;红色、黄色:$\Delta C_{PM_{2.5}}>0$ 浓度升高)

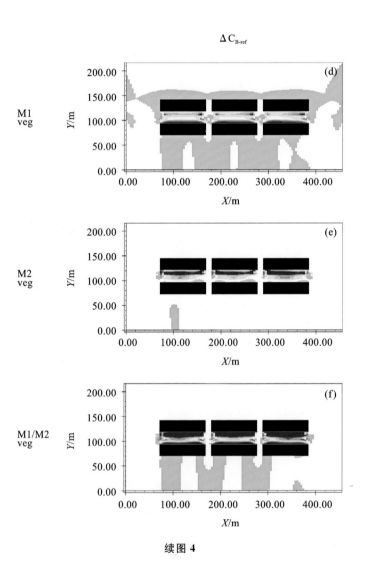

续图 4

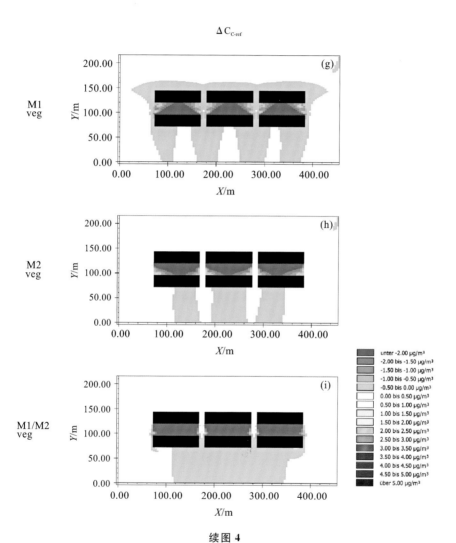

续图 4

M1
veg

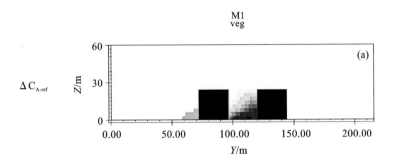

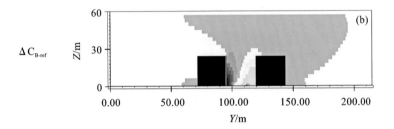

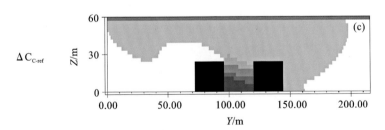

图 5　0—90°下 *W*：*H*＝1 PM_{2.5}浓度改变量(ΔC_{PM_{2.5}})等值线剖面图

(绿色：ΔC_{PM_{2.5}}＜0 浓度降低；红色、黄色：ΔC_{PM_{2.5}}＞0 浓度升高)

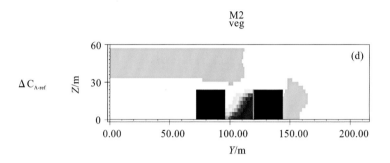

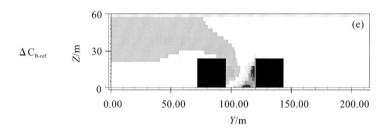

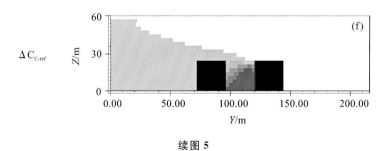

续图 5

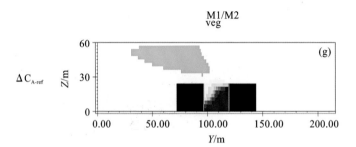

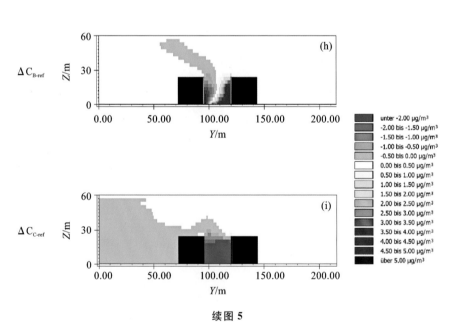

续图 5

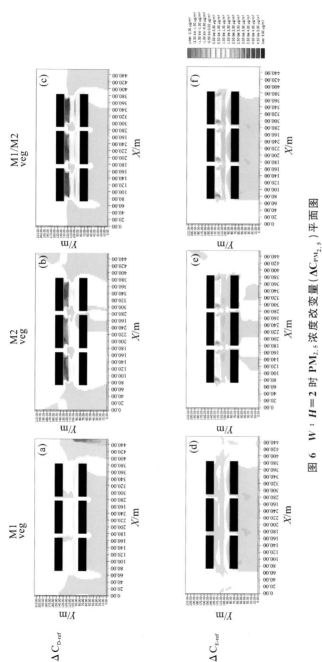

图 6 W : H = 2 时 PM$_{2.5}$ 浓度改变量（$\Delta C_{PM_{2.5}}$）平面图

（绿色：$\Delta C_{PM_{2.5}}$ < 0 浓度降低；红色、黄色：$\Delta C_{PM_{2.5}}$ > 0 浓度升高）

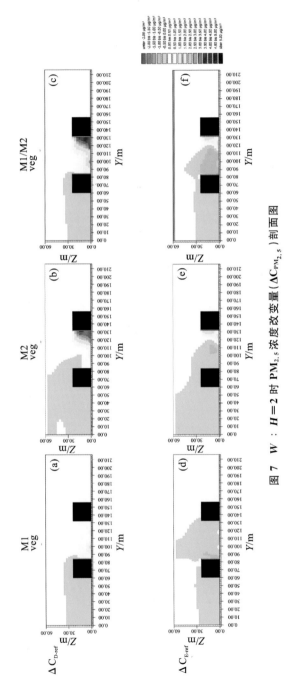

图 7 *W*：*H*＝2 时 PM$_{2.5}$ 浓度改变量（$\Delta C_{PM_{2.5}}$）剖面图

（绿色：$\Delta C_{PM_{2.5}}$ ＜0 浓度降低；红色、黄色：$\Delta C_{PM_{2.5}}$ ＞0 浓度升高）

可以看出,A 组,即图 4(a)至图 4(c)、图 5(a)至图 5(c),污染物浓度均上升,在 M1 面种植绿化,颗粒物浓度增加量最小,其次是 M2 面,M1、M2 面均种植垂直绿化时,颗粒物浓度增加得最多,污染物主要堆积在背风面,迎风面浓度升高不明显。这说明直接在街道峡谷建筑外表面增加垂直绿化不利于颗粒物的扩散。

B 组,即图 4(d)至图 4(f)、图 5(d)至图 5(f),垂直绿化对 PM$_{2.5}$ 浓度的影响有升高也有降低,M1 面浓度降低,M2 面和污染源附近浓度增加。在垂直方向上,随着建筑高度的增加,污染物浓度改变量呈缓慢下降趋势,因为离污染源越远,污染物浓度越低,垂直绿化与污染物接触量有限,改变量也相应降低。此外,在 M1 面种植绿化,颗粒物浓度降低最为明显,且影响范围广,如图 5(d)所示;在 M2 面种植绿化,颗粒物浓度降低少,影响范围小,如图 5(e)所示;两面都种植绿化,背风面浓度升高显著,如图 5(f)所示,因此在 M1 面种植绿化效果最显著。

C 组,即图 4(g)至图 4(i)、图 5(g)至图 5(i),街道峡谷内 PM$_{2.5}$ 浓度均降低,C 组与 B 组相比,建筑尺寸完全一致,但未进行垂直绿化,以上说明 B 组结果是 C 组和垂直绿化对 PM$_{2.5}$ 浓度影响共同作用的结果,因此出现有升有降的现象。

从图 5、图 6 中可以发现:$W:H=2$ 时,建筑宽度不变,直接进行垂直绿化,PM$_{2.5}$ 浓度有所升高,升高不显著;保持街道宽度不变,将部分建筑改为垂直绿化,污染物浓度显著降低,这与 $W:H=1$ 的结果一致。另外,在 M1 面种植绿化时浓度降低量最大。

综上所述,在建筑外立面上直接增设垂直绿化不利于 PM$_{2.5}$ 扩散,保持街道宽度不变,将部分建筑变成垂直绿化时,M1 面浓度显著降低,是理想的垂直绿化方式。

3 分析与讨论

3.1 风速改变量与浓度改变量的关系

颗粒物的扩散与流场特征紧密相关,采用垂直绿化,植物叶面能有效滞

留空气中的 $PM_{2.5}$，从而降低颗粒物的浓度，但同时也会因为叶片的加设而阻碍空气流动，增加建筑表面的粗糙度，从而降低街道峡谷内湍流强度，尤其是建筑壁面附近风速。风速的减弱不利于峡谷中空气与外界环境的气体交换，从而影响 $PM_{2.5}$ 的扩散，$PM_{2.5}$ 浓度增加。

垂直绿化使得峡谷内整体风速降低，阻碍了颗粒物的扩散，这也是导致污染物浓度升高的主要原因。在 M2 面一侧，"爬墙效应"强度大，颗粒物主要通过 Z 向向上气流排出街道峡谷，垂直绿化降低了风速，阻碍颗粒物扩散，并且阻碍作用大于垂直绿化滞尘作用，因此浓度升高。M1 面一侧 Z 向气流向下，垂直绿化对风速影响小，垂直绿化沉降颗粒物的能力补偿了由风速降低导致的浓度升高量，因此浓度升高量小。

3.2 滞尘量与 $PM_{2.5}$ 浓度改变量综合对比

以上结果表明，保持街道宽度不变，垂直绿化能降低 M1 面的颗粒物浓度，滞尘效果可观，是理想的垂直绿化布置方式。B 组和 E 组的滞尘量以及浓度改变量如图 8 和图 9 所示。滞尘量为 6 h 滞尘总量，浓度改变量是高度为 1.5 m 处下午 6:00 街道峡谷内 $\Delta C_{PM_{2.5}}$ 平均值。

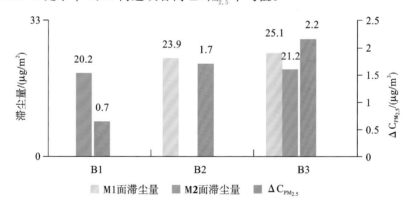

图 8 $W:H=1$ 街道峡谷中垂直绿化滞尘量及 $\Delta C_{PM_{2.5}}$ 对比图

当 $W:H=1$ 时，街道峡谷内 $PM_{2.5}$ 浓度都有所增加，但 B1 浓度升高量最小，B3 浓度升高量最大，三者的滞尘量差别不大，由此说明 $W:H=1$ 时在 M1 面种植垂直绿化最不易引起颗粒物浓度升高。

当 $W:H=2$ 时，街道峡谷内 $PM_{2.5}$ 浓度都有所降低，滞尘量差异不明显，但滞尘量比 $W:H=1$ 的情况小很多。

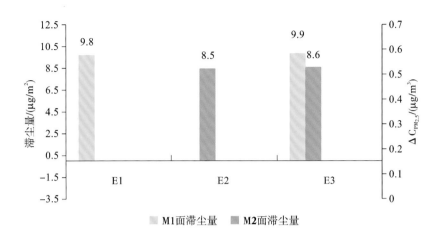

图 9 W ：H ＝2 街道峡谷中垂直绿化滞尘量对比图

4 结 论

本文运用微气候模拟软件 ENVI-met 对几种典型街道峡谷内垂直绿化对 PM$_{2.5}$ 的影响进行了模拟和分析,分别研究在不同街道峡谷宽高比、不同垂直绿化种植方式下,垂直绿化滞尘量以及 PM$_{2.5}$ 浓度的改变量,得出以下结论。

(1)垂直绿化对 PM$_{2.5}$ 的影响有两种,分别是去除颗粒物和影响浓度分布,两种作用分别对应滞尘量和颗粒物浓度改变量。

垂直绿化可观的滞尘量能大大减少街道峡谷排放到外界大气中的颗粒物含量,对整个外界环境是有利的。但是对街道峡谷内的颗粒物浓度而言,并不能在所有情况下降低颗粒物浓度。所以在评价垂直绿化作用时要具体情况具体分析,综合垂直绿化的滞尘量和降低污染物浓度的优势,根据实际场地的流场条件判断是否布置垂直绿化,尽可能加大滞尘量,降低人步行区域的颗粒物浓度,以达到趋利避害的效果。

(2)保持街道宽度不变时,垂直绿化能有效降低街道峡谷内 PM$_{2.5}$ 浓度,因此建议新建建筑用垂直绿化作表皮,能在一定程度上缓解细颗粒物污染。在已有建筑上不建议直接增设垂直绿化,这易导致街道宽度变小,从而阻碍颗粒物的扩散。垂直绿化适合在迎风面布置,在背风面布置垂直绿化会导

致颗粒物聚集,尤其是在有人类活动的主要人行高度上。

(3)高度越高,垂直绿化滞尘量越小,这是由于离污染源距离增加导致的。宽高比越小,垂直绿化滞尘量越大,因为宽高比越小,颗粒物越难从峡谷中流动出去,PM$_{2.5}$与垂直绿化的接触时间越长,垂直绿化滞尘能力越明显。

参考文献

[1] 中华人民共和国环境保护部. 环境保护部发布 2015 年全国城市空气质量状况[Z].2016.

[2] 中华人民共和国环境保护部. 环境保护部发布 2017 年 1—2 月和 2 月重点区域和 74 个城市空气质量状况[Z].2017.

[3] World Health Organization. World health statistics 2016:Monitoring health for the SDGs(sustainable development goals)[J]. Revue d'Épidémiologie et de Santé Publique,2016.

[4] PUGH T A M, MACKENZIE A R, WHYATT J D, et al. Effectiveness of green infrastructure for improvement of air quality in urban street canyons[J]. Environmental Science & Technology,2012, 46(14):7692-7699.

[5] WANIA A,BRUSE M,BLOND N,et al. Analysing the influence of different street vegetation on traffic-induced particle dispersion using microscale simulations[J]. Journal of Environmental Management, 2012,94(1):91-101.

[6] RIES K,EICHHORN J. Simulation of effects of vegetation on the dispersion of pollutants in street canyons [J]. Meteorologische Zeitschrift,2001,10(4):229-233.

[7] CHENG Y, LEE S C, HO K F, et al. On-road particulate matter (PM$_{2.5}$) and gaseous emissions in the Shing Mun Tunnel,Hong Kong [J]. Atmospheric Environment,2006,40(23):4235-4245.

[8] BRUSE M. Particle filtering capacity of urban vegetation:A microscale numerical approach[J]. Berliner Geographische Arbeiten, 2007,109:61-70.

异

新、异、趣、理——华中科技大学建筑系开放式办学三十年^①

本文总结了华中科技大学建筑系三十年国际化办学的历程。我系在教学思想中强调新、异、趣、理,强调以理性推动设计,传授设计方法而不是风格流派;并结合地域特色,摸索出了立足前沿、学科整合、机制灵活的一套国际化办学策略。

1 开放时代:国际化的办学模式

1982 年,华中科技大学建筑系(以下简称"华中建筑系")紧随着改革开放而诞生,"开放"也成为办学的重要方针,引领着 30 多年的国际化办学历程。华中建筑系的创办者是清华大学的周卜颐与 20 世纪 40 年代毕业于原中央大学(今东南大学)的黄康宇、蔡德庄、黄兰谷、张良皋、童鹤龄等先生,他们都具有开放的国际化视野。周卜颐先后就读于中央大学、伊利诺伊理工学院(Illinois Institute of Technology)、哥伦比亚大学,是最早(1949 年)在美国获得现代建筑竞赛一等奖且作品被建成的中国学生。创系之初的教学体系,既传承并改革了中央大学 Beaux Arts 的教学体系,也引进了现代主义的教学体系,还借鉴了老八校的办学经验。据张良皋回忆,创系时先生们为办学取经曾遍访老八校,随后拟定了兼收并蓄的办学方针:既保存建筑教育经过历史筛选自然形成的主流意识,也学习当今建筑教育界各种新的思想,整合起来形成自己的经得起实践检验的教学内容,教学生硬功夫。

在开放的体系下,我系从创办之初就非常重视国际交流。我系较早开

---

① 张良皋,根据作者 2012 年 9 月对张良皋先生所做的访谈整理。本文成稿时间:2013 年 6 月。

启请外国教授及建筑师上设计课的先河。创系不到半年,周卜颐就邀请美国建筑师 Sax 来华中建筑系长期讲学。在纽约进修的建筑系副主任黄兰谷邀请了 Myron Goldsmith(奈维的学生)、David Sharp、Thomas Schmid 等国际知名建筑师来讲学。周卜颐还遍请国内名师郑光复、鲍家声、罗小未、李大夏等先生来武汉讲学。一时间建筑学者云集武汉,为我校建筑系办学确立了高起点,对当年的毕业生起到了长远的影响,开始的几届学生刚毕业便得到好评。

尽管办学经费紧张,华中建筑系在教学交流、获取国外信息方面决不吝惜。据李保峰回忆,他被派去参加香港建筑书展,打电话请示说书都很好很难挑,周卜颐当即指示全买,足见对国外信息的重视。我系刚创办就订阅了 24 种外文期刊。20 世纪 80 年代中期便正式与美国伊利诺伊理工学院(Illinois Institute of Technology)及密尔沃基大学(Milwaukee University)进行持续的交换教师项目。1985 年,华中建筑系一次就派遣赴美交换学者10 余人,这在 20 世纪 80 年代新办的建筑系中极其少见。

重视国际交流作为一种制度长期保留下来。随着国际交流的日益频繁,我系教学交流已经扩展到哈佛大学、麻省理工学院、慕尼黑工业大学、代尔夫特理工大学、谢菲尔德大学等诸多全球名校。

2 教学思想:新、异、趣、理

周卜颐力主改革巴黎美术学院教育体制,以适应开放的时代,他强调设计要"新、异、趣"。童寯的建议影响深远:建筑必须讲求理性,即物理、生理、心理和伦理,且这"四理"层层递进。创系的先生们达成共识——不教"流派",而教方法,旨在创新、求实。

2.1 新

新指创新,创造力培养与新技术整合,教育体系与教育思想的不断更新,知识的不断更新,使大学成为知识的生产地。"新"来自开放的理念。周卜颐在国外形成的现代建筑思想中强调建筑创作必须真实,体现材料本性,

避免用钢筋混凝土仿造木结构的"民族形式",善于发挥钢和玻璃等新材料的特性。华中建筑系因此改造脱离技术基础空谈艺术的做法,坚持采用全新的模式教学,当渲染模式尚在盛行之时,直接引进了平面构成和立体构成模式。

2.2 异

异即差异性,重视地域性,重视文化、社会背景的差异,反对抄袭形式,反对生搬硬套。创系之时正值"批判地域主义"思潮兴起,受这种国际潮流的影响,同时也出于对本土文化的挚爱,我系学者始终专注地域性。从张良皋对土家族吊脚楼的持续研究,到李晓峰、谭刚毅等对"两湖"民居的深入考察,地域乡土建筑研究富有活力;而作为学院特色方向的绿色建筑与城市研究也正是立足于夏热冬冷地区的气候特色和民居调查。这些研究获得了多项国家基金资助。

2.3 趣

趣指趣味,生趣,设计中的灵感火花。在教育中更要寓教于乐,用"趣"让学生全心投入,避免僵化的教育。不能沿用把知识讲死、使学生思想僵化的教学方法。国际交流带来了很多有趣的教学体验。龙元、汪原和挪威的Svein Hatloy教授组织建筑学学子在汉正街和孩子们游戏,孩子们用粉笔画出的活动区域丰富了城市负空间的内涵。罗亮回忆做方案用抽象的木构架"符号"与古塔协调,慕尼黑工业大学教授施密特指着窗外的树生动地说出了这种形式与时代的错位。"趣"还在于选择当下学生感兴趣的话题,例如笔者在汶川地震后设计的临时安置房和在武汉洪山区青菱乡设计的井式空调,穆威的胶合竹住宅实验建造等,既面对当下,也源于国际思潮中对建造环节的重视。

2.4 理

理指理性,以理性推动设计研究;用理性的方法,对物理、生理、心理和伦理这四个层次,层层递进地逐一展开研究;在教学中进行设计方法的训练,具有建筑设计方法论的意义。如果把"新、异、趣"看作要求,"理"则是整体的方法论基础,尤为重要。周卜颐指出应改变过去没有系统理论而是师傅带徒弟的传统教学方式,使理性思想很早进入教学体系,强调基于分析的设计,强调生成逻辑、概念提炼、技术介入,而不是完全靠感觉设计,做虚假的艺术构图,造成浪费,这也是国际现代建筑教育思想的核心。设计即解题,对于形式,要理性地追求材料、工艺和造型诸要素的一体化关系。

前辈们在风雨人生中凝练的智慧,在开放时代大放异彩,形成了华中建筑系国际化的办学思想。"新、异、趣、理"渗透到了建筑设计教学的各个方面,形成动手能力强、求新务实的学风。

3   合校:因势利导,因地制宜

《因势利导　因地制宜》是冯纪忠先生生前最后一篇文章,发表在《新建筑》上,该文是对建筑设计思想的高度总结,也是他给《新建筑》的题词,因此援引作为建筑系国际化办学策略的总结。

2000年5月,原华中理工大学建筑学院与原武汉城市建设学院规划建筑系合并,成为华中科技大学建筑与城市规划学院。合并后,我院的学科构成更加全面,教学体系全方位展开,师生数量大增。合并提高了专业实力,但也带来了教师数量、教学空间不足等问题,机遇与挑战并存。尤其从区位角度考虑,中部地区发展滞后,信息相对闭塞,地缘劣势明显。在这样的背景下,我系办学必须更重视对外交流:一来学校排名靠前,本科生源好,但由于地域原因很难补充新鲜血液到教师中,国际教师能弥补这个缺憾;二来对学生而言,现场感受好的建筑比图片更重要,让更多学生走出国门现场体验,是设计教育的必修课。

3.1   发掘地域特色

因地制宜,抓地域特色。对建筑学研究而言,地域的先进或落后并不存在,地域的缺陷也正是其特色。大量的联合教学都选择有地域特色的课题

不断探索，例如武汉里分改造，汉阳铁厂、平和打包厂等老工业遗产的保护再利用，滨江滨湖片区设计等。

3.2　立足前沿视野

发展滞后更需要观念开放，尤其在信息时代。联合教学主题锁定建筑学的前沿探索和热点问题，探讨新的观念和思想，例如参数化设计、景观都市主义、现象学、工业遗产再利用等。

3.3　效益最大化

培养学生，积累师资。联合教学不仅是教学过程，也为本校教师提供新的教学思路和模式，还可以作为学院对外交流的过程。选择有热情、有能力、适合学院需要的老师，从短期教学转化为长期教学。例如参数化设计工作营，引进了来自 HKPDA 的设计师 Sam 作为专职老师。同时尝试让外教在设计院成立工作室。这样，从外教与学院的一对一关系，转化为外教—学院—设计院之间的互动关系，联合教学起到了良好的桥梁作用。

3.4　带活学科方向

联合教学更长远的效益是带活一个学科方向。20 世纪 80 年代的对外交流，黄兰谷的 CAD 研究在国内相当领先，1986 年就培养出了利用 CAD 优化住宅设计的硕士研究生。和拉普仆特的交流带动了环境心理学方面的研究，胡正凡、林玉莲在这方面走在国内前列。李保峰与慕尼黑工业大学托马斯·赫尔佐格、Lang 的交流，带活了绿色建筑方面的研究；龙元与早稻田大学的交流，进一步激活了乡土聚落研究；汪原与挪威培根建筑学院的系列研究，在建筑现象学领域有相当的高度。借助参数化联合工作营，刘小虎和穆威成立了先进建筑实验室，获得两个建造机器人的纵向基金；先进建筑实验室兼带成立了培训基地，作为面向全国学生的参数化教学培训基地，使大学的智力资源进一步向社会开放。

3.5 更加灵活的用人机制

采用更加灵活的用人机制,不求为我所有,但求为我所用。"985"高校对教师的聘用条件并不适合建筑学专业的特点,一些有追求、专业水平高、低学历的人才无法进入教师系统,于是学院探索院聘教师的方式:人事关系由设计院承担,既解决了教师问题,也提高了设计院的方案水平。

通过以上这些方法,联合教学以较小的资金投入换来了较丰硕的成果。近年我系与佛罗里达大学合作的鹦鹉磁带厂改造,与陈淑瑜、Max Gerthel (瑞典)、情景国际何颖雅(美)等联合指导的武汉制造专题等,多次获得全国大学生设计竞赛优秀奖。

4 展望:国际化的研究型大学

4.1 国际化办学特点

我系从办学之初至今,通过不断摸索办学方式,国际交流的规模得以扩大,频率大为增加,有如下的变化。

(1) 从泛泛地交流,到有选择性地交流,选择我系需要的研究方向。

(2) 从局限于本科的交流,到本硕博混合的垂直交流。

(3) 从单一的建筑学交流,到建筑、规划、景观整合的多学科交流。

(4) 从仅与美国、德国交流,到与欧洲、亚洲的多国、多文化交流。

(5) 多种教学方式灵活组织,如讲座、工作室、网络合作设计等。

(6) 从短期讲座到长期聘请外籍教师。

4.2 以方法研究推进研究型大学

按照洪堡对大学的定位,大学是生产知识的场所,不能停留于经验教学,学生面对的是未来的问题,过去的经验无法解决未来的问题。大学所传授的是方法,是前沿的方法论。正是基于这样的理念,我系多年的国际化办学,并不仅是为了信息更新,而且是立足于设计方法的、有目的的教学引进。这种持续努力对于建设研究型大学颇有裨益。大量国家基金项目就是研究成果之一:在全国各大学建筑、规划、景观领域国家自然基金资助数量中,我院排名第八,涵盖了绿色建筑与城市、乡土聚落研究、现象学、城镇特色、智能建筑、数字城市、历史遗产保护等方向。

　　作为改革开放后新办的建筑学专业,华中建筑系在办学之初就定下了开放办学的战略定位,经过一代代老师风雨中的坚守,渐渐摸索到了适合自己的国际化办学方法。虽然和老八校相比仍有不少的差距,但风雨三十年,我系也从初生牛犊迈向成熟,继续向研究型、国际化大学的方向努力。

参考文献

[1]　周卜颐.周卜颐文集[M].北京:清华大学出版社,2003.

[2]　李保峰.忆周卜颐先生[J].新建筑,2004(2):4-5.

[3]　张良皋.作育大匠·取法经师——纪念华中科技大学建筑学系创立 30 周年[J].新建筑,2012(5):59-61.

[4]　周卜颐.建筑教育的改革势在必行[J].建筑学报,1984(4):16-21＋52-83.

[5]　张良皋.悼周卜颐老学长[J].新建筑,2004(2):5.

[6]　周卜颐.从北京几座新建筑的分析谈我国的建筑创作[J].建筑学报,1957(3):43-52.

[7]　罗亮.建筑设计基础教学新体系[J].新建筑,1992(1):27-32.

[8]　冯纪忠.因势利导 因地制宜[J].新建筑,2009(6):43.

[9]　黄兰谷.关于计算机辅助总图设计的若干方法与问题[J].新建筑,1988(2):64-71.

[10]　曹伟,吴佳南.国家自然科学基金资助建筑学城乡规划类课题的统计研究[J].建筑学报,2012(S1):1-5.

[11]　FRAMPTON K. Prospects for a critical regionalism[J]. Perspecta, 1983(20):147-162.

防疫住宅（建筑）：平时健康，疫期预防①

武汉是最早公开通报新型冠状病毒性肺炎（以下简称"新冠肺炎"）疫情并预警了全世界的城市，感谢国家和全国人民的大力援助，我们才能最终控制疫情。作为武汉人，我们经历过病毒攻击的深度恐惧，也一直在思考如何通过建筑设计为抗疫工作多做一些贡献，这也算是大学的社会责任吧。

2019 年的冬天，笔者本来是计划在南国的暖阳中度过的，虽然前期从各种渠道也听说了有很厉害的肺炎，一直也并没有认为疫情会有这么严重，一家人定好了 2020 年 1 月 23 日下午的机票。早上起来看到武汉实行交通管制了，我们才明白，我们遇到了一种特别厉害的病毒，这注定是一个非常特别的冬天。正是居家隔离的两个多月，给了我们前所未有的体验，促使我们提出了"防疫住宅"这个概念。

1 入户空间：把病毒挡在大门外是 最有效的防控措施

居家隔离期间，我们被迫在短期内高效学习了各种居家消毒杀菌的方法，酒精、消毒水、紫外线，从不会戴口罩变成口罩鉴别专家……也更加意识到常规的家居设计在疫情期间灭菌效果的种种不足，以及小区的各种设计缺位。例如买菜回家，手忙脚乱的，总要碰这碰那，消毒多少遍都不放心，先脱口罩还是先脱鞋？被病毒污染了的衣服挂在室内就像个定时炸弹，谁能保证病毒存活的那几个小时不碰它呢？

所以最好的居家消毒方式一定是门外消毒，并且进行入口分区，增加换

---

① 防疫住宅研究团队组成人员有华中科技大学建筑与城市规划学院的刘小虎、陈秋瑜、刘晓晖、龚建、司玉立、严锐、冷珺妍、肖文文和中国建筑装饰协会绿色健康装饰分会成员冯勇。本文成稿时间：2020 年 3 月。

洗、消毒等功能。把病毒挡在大门外是最有效的防控措施：对入户空间进行简单而明确的功能划分，基本上可以隔绝户内与户外流行性疾病的传播途径，避免交叉感染。入户空间的防疫措施是家庭防疫的第一道防线。无论是疫情时期，还是复工之后，都需要一个入户空间作为户外和户内空间的过渡。有玄关的住宅就多一道屏障，然而大多数人家里都没有玄关，这时可以利用大门外的空间，通过一系列的精细设计，做一个简易的"消毒间"。

科学的消毒要分步骤、分区域进行。哪怕方寸之地，分区之后杀毒效果也会更好。入户前消毒，关键是把入户空间划分为污染区、洁净区和半污染区。入户空间在通常情况下要考虑换鞋、换外衣，放置包、雨具等，疫情期间则要增加换洗、清洁、消毒等功能。入户空间通过门开启的方向自然划分出不同的区域。室内是洁净区①，开门直接到达的是半污染区②，然后走一步转入污染区③，污染区的墙面作为外套消毒区（图 1）。回家的顺序是③、②、①，出门的顺序是①、②、③。

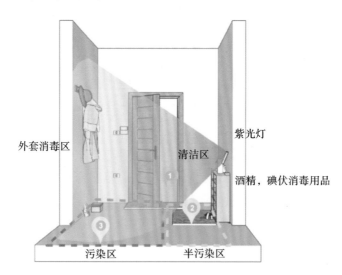

图 1　清洁区、污染区和半污染区

（1）回家先进污染区③，脱下外套等最外层防护挂在墙面的外套消毒区，这里挂置外出所穿的衣物（准备一套风衣，只在外面穿），放置鞋子（鞋底朝外消毒）、护目镜、帽子，还可放置垃圾桶用于丢弃用过的口罩、手套等。

针对外套消毒区要专门消毒,可通过紫光灯、挂烫机、喷酒精等对污染区的物品进行消毒。

(2)随后换拖鞋进入半污染区②,进行身体表面如脸部、手部的消毒。用消毒液、酒精等对全身和出门携带的物品进行消毒。半污染区和污染区之间可以放一个地垫隔开。之所以要用不同的鞋子,是因为在户外鞋底会沾染大量细菌。

(3)再进入洁净区①,也就是室内,换上干净的室内拖鞋,并洗手洗脸,用酒精、碘伏等再次消毒。注意不同区域的物品不要交叉放置。出门的时候按①、②、③的顺序,更容易做好防护。

为什么首先会选择入口空间?我觉得是这些年看传统建筑养成的一种本能。中国传统建筑最重视的是大门,甚至朝向几度几分都有讲究(图2)。前几年我们在武汉郊区保护了20多个传统村落,那里的老建筑,入口空间都

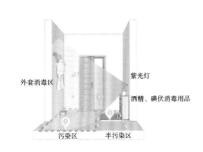

走廊尽端正面入户型

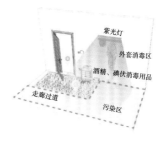

走廊侧边入户型

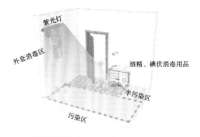

走廊尽端侧边入户型

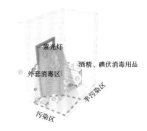

老式住宅入户空间

图2　入户类型

特别讲究：一般都会后退凹进形成灰空间，地面、墙壁和屋檐形成半围合的入口，形似凹槽。当地一般称其为"槽门"，有广纳四方财气之意。大门方向也很讲究，可以说很少有房子的大门和墙面平行。大门都是歪的，当地叫作"弯水"，还有个说法是入口应该"歪门斜道"。在大户人家的内巷侧边，甚至户门都不正对巷道，与巷道呈 30°～40°角。这种设计仅仅是因为迷信或者是讲究气派吗？有没有微气候的作用？我们经过实测和软件模拟发现，槽门形成了入口的过渡区域，既有利于人体适应室内外气候变化，也有利于室外更多清新的空气进入堂屋；而内巷侧边的大门歪斜，则有利于将巷道风引入天井。所以中国传统建筑有精妙的微气候设计，这是超过我们现代楼盘设计标准的。

2019 年我做了十几场讲座，题为"用母语建造"，从语言的角度去审视中国建筑发展现状，作为母语的传统建造工艺，在城市中只是博物馆式的、教科书式的极少量遗存，已经没有了使用的人群和延续下去的环境，没有活态传承的建筑体系，可以说已经死去；而在乡村，它还局部残存，在部分乡村还有为数不多、年事已高的传统工匠，承担着少量传统民居的建造修复任务。在乡村建设中更要考虑如何保护建筑母语的问题。从美学、科学、力学、气候经验方面，有太多值得研究和学习的地方：最简处理、最小干预、生产性景观、高参与度……

就在这系列讲座里边，我还特别借助传统医学的例子来说明保护传统建筑的意义：在"非典"时期，依靠传统中医知识，国医大师邓铁涛所在的中医院做到了患者全治愈、医护人员零感染。所以我们必须去保护和发掘我们的传统中医，否则如果下一次有类似事件怎么办？以此类推到建筑学，我们也要去保护和发掘我们的建筑母语……现在想起来有点一语成谶的味道。所以当"新冠肺炎"来袭的时候，看到中药清肺排毒汤的疗效，一方面感叹幸好我们的中医还有留存，另一方面则在思考我们的建筑母语在疫情之下的价值。钱学森晚年指出，中医是（超）前科学、尖端科学、顶级的生命科学。我觉得他的评价也适用于中国传统建筑，因为中国传统文化在各个方面是相通的：中国传统建筑并不是我们淘汰的那些破旧老房子，中国传统建筑是（超）前科学、顶级的人居科学，有精妙的微气候设计，有全面的健康建筑理念,如母语一样亲和,简单可得,高参与度。今天我们的房地产行业虽然发达,但是更多是商业大潮的产物,利益至上,传统建筑中很多精妙的、全面的、健康的理念都失去了。比如说传统建筑多用木头做成,故老相传,人们常说木房子"养人"。最新的健康建筑研究表明,人在木质材料的房间里,疲劳感降低,情绪压抑减少。其实所谓的"养人",是传统建筑全面的健康建筑理念,除了减轻疲劳和抑郁,可能还有其他方面的积极因素,等待我们用科学去发现。

回到防疫住宅需求上,当室外有病毒的时候,大门作为第一道防线,学习传统建筑中的槽门设计,设置过渡空间。所以我们才会提出,无论面积大小,在门口都应该形成过渡区,才能够提高灭菌消毒的效率,当然还要加上紫光灯等消毒设备。这是传统经验和现代技术的结合。

2 给窗户加个"口罩",不仅防病毒, 还能防花粉、防蚊

中国传统建筑更重视气的流动,而不是形体塑造。这个"气"当然是一种复杂的能量场,但我们把它简单地理解为空气,也说得通,利于比较简单的理解。在现代住宅中,空气的进入除了通过大门,更多的是通过窗户;在疫情期间,做好了大门的防护之后,同样紧要的是做好窗户的防护。

我们需要窗户通风,但是空气中又可能有病毒,怎么办?把空气过滤一下就可以解决问题。当病毒通过空气传播的时候,窗户和入户门的防病毒措施一样重要。尤其是以下环境:小区隔离的患者多,小区有一些无症状感染者,窗外就看得到方舱医院,楼下有小区的隔离点。还有雾霾和大雾天有气溶胶的情况下都需要注意。

所以我们需要设计除菌窗户。但是窗户最难改造到位,因为家中没有材料。没有 HEPA 材料、熔喷布等,怎么才能利用家中现有的材料,以最简单的工艺做一个除菌窗户?不妨学习一下口罩的原理。人可以戴口罩,我们也可以给窗户戴个口罩。口罩最初发明的时候就是用棉纱和棉花做的。怎么把布加到窗户上呢?最简单的办法就是直接加在纱窗上,照样通过纱

窗进风。实行交通管制期间买不到合适的材料,必须利用现有的物品完成,这其实利用了绿色建筑的在地性和使用地方材料的理念。

纱窗可以挡住蚊子,但挡不住灰尘和细菌。给纱窗加上一块布,就相当于给窗户戴上了口罩。家里有棉布就用棉布,没有棉布用床单也可以。小区里面确诊病例少的,一层布就够了,不放心的话多用几层。小区毕竟没有医院那么多病菌,多数情况一层棉布防护就够了。

找一块跟纱窗一样大的布,周边包过来,用夹子或者胶带纸固定在纱窗上(图3)。再把纱窗照样装上去,注意布要在纱窗朝外的一面。这样一来纱窗和玻璃窗之间的缝隙堵死了,蚊子进不来了,之前不是有谣言说蚊子也传染吗,现在不用怕了。同时把花粉也过滤了。大多数高层住户风很大,假设有4扇窗,可以用一扇纱窗包上布通风。春天就开这一扇窗通风,室内新风量就能达到要求。口罩纱窗靠边放,以免影响室内采光。口罩纱窗比HEPA之类的一次性材料要好,用布更环保。还可以拆下来洗,当然洗的时候要注意消毒,上面肯定粘着很多灰尘和细菌,取的时候最好戴口罩和手套,用酒精、紫光灯、热水消毒都可以。

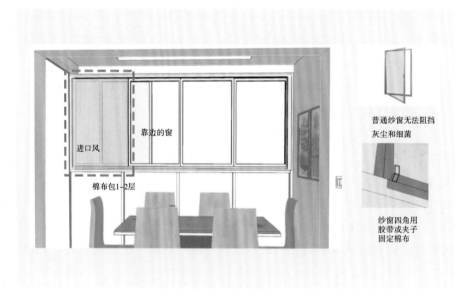

图3　设计除菌窗户

3 居家隔离间布置：选对房间 可以避免传染家人

如果设计医院的建筑师来设计居家隔离间，最重要的就是功能流线分区和气流组织。但是没有人做这个工作。而大量居家隔离的人完全没有这样的建筑空间知识，完全没有认识到空间划分在家庭防疫中的作用，可空间正是建筑学的核心手段。对建筑学而言，医院的"三区两线"是基本规则，所以需要把建筑科学知识推广到日常生活中去。这也是现代建筑体系和大众的距离越来越远产生的问题。传统建造体系是伴生在草根之中的体系，如母语一样随手可得，房子是生活的基本需求，是贴近生活的。很多建筑知识大众是可以掌控的，自己动手锯个木板就可以盖房子、修房子，直接导致了大众的高参与度；而在现在的建造体系中，楼盘被商业运作，包装得高深莫测，变成大众听不懂的东西。作为房主不能控制建筑的外观，这与母语般的、有亲和力的传统建造体系大不一样。

疫情时期如果出现轻微不适，又不确定是肺炎还是普通流感，或者刚刚出院归来，还需要再观察一段时间，或者是无症状感染者，怕传染他人，在家里布置好居家隔离间，可以减少交叉感染的机会。

（1）居家隔离，并不是说随便选择一个密闭房间待着就好了，选择不同的房间作为隔离间，效果差别很大。

居家隔离间最好选择住宅内部走廊尽头的房间，这样能最大程度减少家庭成员之间的流线干扰（图4）。隔离间宜选择下风向的房间，以武汉为例，春天选北向的房间。因为春季的风多从南方吹来，容易把南面房间被污染的空气吹进住宅内，造成空气二次污染。北向的房间中含病毒的气体朝北向排出，不会造成二次污染。不过北向房间需要注意室内温度（图5），病毒在高温度下存活时间短，应采取足够的取暖措施，可以在隔离间采取电暖气烤火等，以减少病毒存活时间。

一般人可能分不清南北，简单说，在武汉春天能够晒到太阳的房间在南面，北面是晒不到太阳的。在其他各地，风向不同，北面不一定是下风向。

71

可以在客厅点一根烟或者一支香,看烟往哪飘,哪边的房间就是下风向。隔离间最好有单独的卫生间,减少患者与家人直接接触的机会。

图 4　隔离间

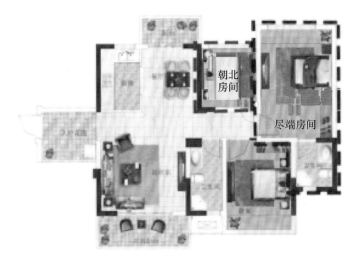

图 5　朝北房间

（2）可进行一些改造，保证隔离的效果。

隔离间内应有可靠的排风措施，保证空气不流向其他空间，最科学稳妥的当然是负压区，但在家庭中难以做到。也可以在窗口设置一个小排风扇来达到这个效果。隔离间房门内也应该设置一个过渡空间，放上拖鞋以及酒精等用品。手上消毒，换好拖鞋再出房间。确保不把病毒从隔离间带出去。

（3）自身的消杀工作也要到位。

在隔离期间也需做好自身消杀工作，限制活动范围，和家庭成员隔离缓冲距离至少要1.5 m。居家隔离期间，家庭消毒防控措施非常重要，被隔离人使用的物品、衣服等都要定期消毒。

4　防疫住宅：平时健康，疫期预防

我们发现大众其实并不知道建筑设计的空间手段对居家防疫的重要性，有必要做一个防疫住宅手册。2020年2月15日网上开学之后，我们就开始编写《住宅防疫简易手册》(基本版)，3月12日通过"华中智库"提交给了武汉市疫情防控指挥部。考虑到复工之后人员流动频繁，更应避免把病毒带回家中，因此，我们也把成果发布在公众号"田园复兴"、微博等平台上，公开给社会大众使用；对于海外华人和仍处于疫情之中的其他国家，也希望能有所帮助。

之所以称为防疫住宅，原因有三个：一是期望在抗疫的特殊时期唤起大众对建筑防疫性能的关注；二是疫情首先在武汉发生，我们过去掌握的健康建筑策略中很多来自国外的经验都用不上，必须进行原创和在地转化；三是防疫提出了特殊需求，有些功能如进门前消毒对健康建筑是多余的，但对防疫建筑是必需的。防疫建筑可以说是健康建筑的"战时版本"，更加强调主动防疫功能，做到平时健康，疫期预防。另外，我特别清楚地记得中国建筑装饰协会绿色健康装饰分会冯勇秘书长说的话："别看武汉现在是疫区，在疫情之后，肯定会建设得比以往更好。"这个"更好"，里面当然包含着很多从苦难中积累的经验，建筑的防疫经验就是其中之一。

大城市人口众多,年年都有流感,时常有流行病,已有住宅和新建住宅的防疫性能都需要提升。防疫住宅立足于切断住宅中病毒潜在的传播途径,通过增加家庭消毒间和小区消毒设施,增加更多的户外平台、阳光间,增加分散式绿化和活动空间,合理布置快递间和储藏空间,优化出入布局和流线设计,做好垃圾、污水的家庭和小区消毒,合理配置具有抑菌作用的绿化等措施,可以提升居住区和住宅的主动防疫能力,做到把病毒拒之门外。防疫住宅要抓住以下几点。

(1)整体观,防疫先导——找出最重要的需要消毒的模块空间,重点实施。

(2)适宜技术——利用当下能得到的材料、技术手段完成。

(3)服务大众——人人都可动手参与。

5　中华文明的价值观将重新引领世界

2020 年 4 月 8 日武汉解除交通管制,标志着中国的防疫工作已经领先于全球,为了纪念这个日子,我在网易云音乐的音乐人平台发了一首歌《游子心中山水绿》。这首歌于当年 1 月初刚刚写完,在联欢晚会上唱过,那正是武汉疫情开始蔓延的时候,当然我们那时候并不知道,不过那种对自然山水的向往,倒是写出了后来居家隔离的日子里越来越深的感受。"山水绿"取自柳宗元《渔翁》。读柳诗,感受到"烟消日出"的豁然开朗,尤其"欸乃一声山水绿",使整个画面瞬间有了色彩。这是热爱自然的诗人带给我们的自然天地。今天生活在都市中的我们,心中也需要这样的山水情怀。

武汉解除交通管制,标志着中国的疫情防控取得了阶段性胜利,这是中国文化的优势。我们的文化中既有未曾中断过的传统,也有极强的对现代科技的包容性,两者缺一不可。当现代科技不管用的时候,传统来救命;当传统不够用的时候,现代技术顶上去。正是传统和现代的不断融合,我们的文化才能长久存续,生生不息。武汉解除交通管制,也标志着另一个时代的开始:这意味着中华文明的价值观将重新引领世界。中华文明中最有价值的是人与自然和谐共生的态度,是"自然",这与美国好莱坞式的"自由"不同。我们更强调顺应天地万物的自然之道,而不是"自由"所暗含的人与人之间的斗争。只有顺应自然之道,"地球村"的居民才能更好地和大自然和谐共生。

借力旧区改造建设下一代防疫住宅区^①

　　本文建议借助老旧小区改造的契机,以提升住宅防疫能力为导向,在武汉市打造首批防疫住宅和防疫小区。这将成为疫情之后湖北省城市建设的亮点,也是新的经济增长点。建设和改造下一代防疫住宅区,可以引领未来防疫城市的建设。

　　疫情之后,武汉要化灾难为机遇。湖北要摆脱疫区阴影,建筑的防疫性能必须比疫情之前更好,优于外地,优于欧美,才能体现灾区人民战胜病毒的决心和信心。人类历史上多次出现大规模的传染性疾病,这些传染性疾病给人类带来了巨大的损失。进入21世纪,我国先后经历了"非典"和新型冠状病毒性肺炎,这也提示我们应该提升建筑的功能,在今后发生疫情时住宅区能成为功能齐全的庇护所。

　　防疫住宅是2020年2月华中科技大学建筑与城市规划学院团队首次提出的概念,并对其进行了研究,目前已经完成《防疫住宅和防疫小区设计导则》,并和中国建筑装饰学会签订合作协议,分会承担防疫住宅推广工作。防疫建筑不是翻译自国外的概念,而是原创于我国,它吸取中国传统建筑经验,吸收武汉市防疫的经验,结合国内外健康建筑的经验,可以形成一套新的系统性的建设策略,在将来有可能引领城市和建筑发展的一个方向。

　　全省老旧小区改造数量巨大,武汉市仅在2019—2022年将完成全市760个老旧小区(建筑面积约2713.95万平方米、居民约33.46万户)改造工作。防疫住宅、防疫小区和防疫城市可以成为湖北城市建设的亮点和新的经济增长点:在疫情中,武汉有上千万人、湖北有6000万人居家防疫,住宅是最重要的防线。目前住宅和居住区没有考虑防疫功能,例如出入口没有消毒点,没有家庭消毒间,电梯及楼梯缺少消毒措施,都给病毒留下了潜在的

---

　　① 本文成稿时间:2020年5月31日。

传播途径。因此,要提升住房的防疫能力,通过优化住宅和居住区设计,增加消毒设施,优化出入布局和洁污分流,增加运动设施和阳光间,打造防疫型花园景观等多方面、不同层次的措施,形成完整的下一代防疫住宅和防疫小区,并进一步改造出未来常态化防疫城市的范例,这可能是未来人类城市建设的方向。

建议采取以下措施。

(1)首先在武汉市选择一个典型的老旧小区作为示范,利用政府资金,由华中科技大学配合开展住宅防疫性能专项提升设计。政府资金用于小区公共部分的防疫性能提升。居民可按自愿原则改造家居防疫性能。

(2)通过建设示范小区,鼓励武汉市和湖北省其他城市的老旧小区改造,以此为蓝本,提升整个武汉市和湖北省其他城市的住宅区防疫性能。

(3)总结以上经验,进一步编制《防疫住宅和防疫小区设计标准》,可为全国其他城市和世界其他城市提供经验参考。

有机密集——鄂东北传统聚落的气候适宜性策略研究^①

鄂东北传统聚落中的气候策略贯穿了聚落的总体布局、建筑单体乃至细部设计。"外石内木"及"天井式"的单体构成，使民居像楔子般扎入土地之中，抵御外界不良气候，围护着受环境干扰较小的内部空间。这种内向式布局使得聚落得以密集建造，从而优化整体的热工性能并节约用地，我们称之为有机密集。其特征在于顺应地势，狭窄的"凉巷"系统，建筑形体前高后低，以天井为单元，密集建造等。这些气候适宜性策略，有利于在城镇化过程中建设适应地域气候的节能、节地型乡村聚落。

1 引 言

建筑的首要意义在于应对自然气候，塑造室内热舒适性。传统民居是在总体布局、空间组织、体量造型和构造及细节等各个层面，对所处地域气候的一种被动、低能耗的正确反映，体现出人与自然和谐共生的智慧，值得借鉴和学习。尤其在城镇化进程中，越多学习传统，越能体现地域性，越节能环保。

鄂东北地区地处夏热冬冷气候区，相对来说，冬季防寒、夏季防热的需求更大。本文重点讨论鄂东北传统聚落民居的夏季热舒适性。从鄂东北民居的建筑构造特点开始，讨论其单体建筑的气候适宜性，并进一步讨论聚落的气候策略。单体尺度上，合理利用建筑构造做法，优化利用内部空间；聚落尺度上，有组织、密集建造的传统聚落体现了群体优化效应。

---

① 本文改写自刘小虎指导、田甜撰写的硕士论文。本文成稿时间：2017 年 2 月。

2 外石内木:鄂东北传统聚落民居建筑构造特点

鄂东北传统聚落民居极具地域特色,如小马头墙、槽门、本色材质等,在此不做详细论述。经过对它不同季节的气候舒适性进行现场感受和实地测试,我们认为从热工角度出发,其建筑构造同样具有地域性,且非常适应地域气候,因此本文抛开从美学角度进行立面研究的划分方式,从热工性能方面分析围护结构的组成。单体民居划分为以下四部分(图 1):①以石、砖、土为主构成的热惰性极好的外围结构;②以木材为主的内部结构和构造体系;③利于热交换的轻型瓦屋面;④温度稳定的地面,通常在石质基层上铺三合土,内设排水系统。

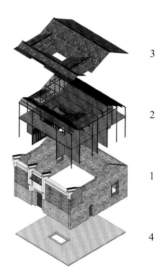

图 1 鄂东北单体民居可划分为四部分

(作者自绘)

这种材质组合可以总结为外石内木:用石材做建筑物的外封套,抵御恶劣气候,围合出相对稳定舒适的内部环境,内部则使用木材形成可变的分隔体系,与人体接触的部分多用木材,使人感觉更亲和。

2.1　以石、砖、土为主构成的热惰性极好的外围结构

鄂东北传统聚落民居外墙常用材料为石、青砖、土,都具有良好的热惰性,砖石耐水,通常置于基础和表面。砌筑墙面的石头因形状和加工程度不同分为料石砌体和毛石砌体。砖一般采用青砖,使用材料与红砖相同,烧制时失水程度不同。鄂东北地区独特的墙体砌筑方法是"线石封青"(图2)。富裕的大户人家一般使用料石砌体,用于墙体的下碱等部位高约 2 m 的位置。料石在采石处进行切割后运回,进而用凿子凿出细致的斜向线条,称为"线石",因酷似滴水而被称为"滴水线石"(图3)。用料石砌体砌筑时,要求每块石头与上下左右有叠靠,与前后搭接。下碱上面再采用青砖砌成空斗墙,内部填土和碎砖石,增强保温隔热效果(图4)。整体立面效果如图5所示,为黄陂区张家湾15号民居外立面。

图 2　张家湾民居:线石封青
(作者自摄)

图 3　滴水线石
(作者自摄)

普通人家则选用毛石砌体做基石防潮,上部三面用土或四面用土,草土砖较为普遍。用砖石的房屋出檐很小,类似硬山做法,用土砖的房屋出檐较深。

鄂东北传统聚落民居墙面砌筑方式讲究,皆为组合做法,从上至下材料的使用与做法在适应当地气候的同时,使外观有序且富有变化。

图 4 青砖砌空斗墙内填土
（作者自摄）

图 5 张家湾 15 号民居外立面
（作者自摄）

2.2 以木材为主的内部结构和构造体系

木材在鄂东北传统聚落民居中作为重要的建筑材料被大量使用，表现在以下方面：①穿斗式木构架为建筑结构的首选；②建筑内部水平和垂直的空间划分全部由木材完成；③装饰部分亦由木材完成。

如图 6 所示，从上至下依次为作为结构的木构架、楼板，划分空间的（活动）隔板体系。

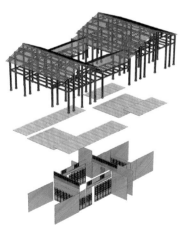
图 6 以木材为主的内部结构
（作者自绘）

1. 以穿斗式为主的木结构体系

鄂东北传统聚落民居的主要结构方式是穿斗式,也会混合抬梁式(图7)。用料细巧,结构经济,施工方便。用砖石墙作山墙,在一定程度上控制了结构的应力变形,加强了民居的坚固性。

2. 木结构的分隔与遮护体系

(1)实隔断:木板隔墙。

木板隔墙(图7)是鄂东北民居中最常用的一种围护和分隔墙体,又称"古皮",不承受荷载。

图7 木板隔墙

(作者自摄)

(2)虚隔断:遮堂门、隔扇门与格子门。

进槽门一两步,天井与门之间设遮堂门(图8)。堂屋前设隔扇门(图9),可拆卸,围绕天井设格子门(图10),上面布满多种多样精美的棂格图案。遮堂门美观,同时起到屏风的作用,隔扇门则更有效地控制与外界空气的交换。在寒冷的冬季,木门板关上,将天井与室内分隔开,起到保温的作用;夏季将门板取下,使空气流通,起散热的作用。隔扇门其实等同于今天绿色建筑中常用的"可变换的表皮"。格子门上棂格的通透性加强了室内外的联系。

图 8　遮堂门 　　　　　图 9　隔扇门 　　　　　图 10　格子门
　（作者自摄）　　　　　　　（作者自摄）　　　　　　　（作者自摄）

　　除此之外，二楼楼板、栏杆等也都由木材构成，可见，建筑内部空间的所有隔断基本全部由木材构成。不管是作为结构构件还是建筑构件的木材，都同时被赋予了装饰性功能（图 11）。在鄂东北传统聚落民居中装饰和结构是一体化的。

图 11　装饰、结构一体化
（作者自摄）

2.3　利于热交换的轻型瓦屋面

　　一般人家的屋顶通常使用青瓦（图 12），有条件的人家使用双层瓦。等级较高的大宅子会另外设置望板或天花。这种轻型瓦屋面，加工简单，利于维护，自重轻，从热工角度看，同样具有合理性。

图 12　青瓦屋面

（作者自摄）

　　根据张涛的研究，虽然青瓦屋面的热惰性较小，但是它在白天的隔热性能接近混凝土屋面板。而在夜间，由于空气间层没有蓄热能力，又利于从室内向室外散热。

2.4　温度恒定的地面

　　鄂东北传统聚落民居地面的通常做法是，下面是石质基础，并设排水系统，上面铺三合土找平，也有在地上架木地板的。这种构造使室内地面和地表联系紧密，形成温度相对恒定的地坪。

　　具体做法如下。

图 13　木质门槛及三合土地面

（作者自摄）

　　将普通的白灰和黄土按照 3∶7 的比例混合，称为"三七灰土"，在施工时分层夯实，每步灰土先虚铺 200 mm，夯实后厚度约为 150 mm。以灰土作为基础可提升铺地防水性，且防水强度会随时间推移而逐渐提高，几乎坚如磐石。部分居民在处理地面时会在"三七灰土"中掺入细砂和蛋清液，称为"三合土"，夯实后，刻上类似于砖缝的线条，作为装饰（图 13）。

3 扎入土地:单体建筑气候适宜性策略

经过实地测量和现场体验,我们认为鄂东北传统聚落民居抵御夏季炎热气候的经验在于以下几个方面:①采用小天井,减少阳光辐射;②选用厚重石材和空斗砖墙,抵御外部传热;③天井、弯水的有效通风;④主要活动空间贴近土地。

3.1 单体建筑气候适宜性策略

1.扎入土地的隔热封套

土地是优良的蓄冷体,温度保持相对恒定,地面昼夜温度波动很小。建筑大部分围护结构与大地连接,可以提供一个常年稳定的热环境。四周封闭的热惰性良好的组合墙体像一个隔热的封套,用热交换快的轻型瓦屋面覆盖,连同建筑基础一起考虑,建筑像楔子般扎入土地之中,围护成一个受环境干扰较小的内部空间,中间留有一孔天井和天地交流。屋顶构造传热性好,夜间可快速散热。民居的二楼、阁楼通常放置杂物,人主要的活动空间都在一层,既接地气,也与屋顶附近的热气隔开,很好地保证了热舒适度。这种与土地的亲密接触,不仅是现象学意义上的锚固,还是热工性能上的扎入土地。

2.狭窄的天井组织采光和通风

由于鄂东北传统聚落民居空间结构限制和私密性的原因,不可能组织巷道风直接穿越卧室,风压通风只能在庭院中实现,室内主要依靠天井热压通风。

鄂东北传统聚落民居的天井普遍具有我国南方传统民居天井狭小高耸的特征(图14)。我们对鄂东北地区9个传统天井式民居测绘图纸中的14个天井数据进行了整理和统计(表1),统计指标包括天井宽度、天井长度和檐口高度等。可以发现:鄂东北传统聚落民居的天井宽度多在0~3 m,平均值约为1.5 m;长度多在1~5 m,平均值约为3.1 m;檐口高度多在3~5 m,平均值约为4.2 m。天井平面形态东西向较为狭长,长宽比约为2∶1,天井剖面形态狭窄高耸,高宽比约为 3 ： 1。这样的形态使得天井处于房屋的阴影之中,从而减少太阳辐射,避免夏季室内过热,冬天则得到更多的日照。同时,天井处靠近地表的空气温度低于天井上方的外界空气温度,从而保证热压通风的实现。晚上敞开的天井可以保证庭院快速降温。

经测量发现,热压带来的风速通常很小,鄂东北传统聚落民居中运作良好的天井热压通风风速通常只有 0.2～0.3 m/s,使人体不会有明显的吹风感,只有轻微的阴凉感。但天井处的热舒适性明显高于室内(图 15)。

室内的重要房屋中也有亮瓦(图 16)甚至是完全敞开的采光天井,保证室内有一定的采光和通风。遮堂门与布满孔洞的格子门都是可变换的表皮,人可与外部气候接近或是隔断。

表 1　鄂东北传统天井式民居天井数据统计

(作者自制)

名　　　称	天井宽度 /mm	天井长度 /mm	檐口高度 /mm	天井长宽比	天井高宽比
大胡楼 a	890	2060	3700	2.3 ： 1	4.2 ： 1
大胡楼 b	850	1120	3800	1.3 ： 1	4.5 ： 1
罗家岗 1 号	1550	3330	8000	2.1 ： 1	5.2 ： 1
罗家岗 2 号	1750	4350	3540	2.5 ： 1	2.0 ： 1
罗家岗 3 号	2400	3550	3400	1.5 ： 1	1.4 ： 1
罗家岗 48 号 a	1210	2170	4470	1.8 ： 1	3.7 ： 1
罗家岗 48 号 b	730	1140	3840	1.6 ： 1	5.2 ： 1
罗家岗 48 号 c	500	1200	4320	2.4 ： 1	8.6 ： 1
南冲湾	920	3660	4565	4.0 ： 1	5.0 ： 1
谢家院子 a	1500	4880	3940	3.3 ： 1	2.6 ： 1
谢家院子 b	1580	4880	4275	3.1 ： 1	2.7 ： 1
张家湾 15 号 a	2990	5320	3845	1.8 ： 1	1.3 ： 1
张家湾 15 号 b	2990	4015	3845	1.3 ： 1	1.3 ： 1
张家湾 22 号	580	1290	3250	2.2 ： 1	5.6 ： 1
平均值	1460	3069	4199	2.1 ： 1	2.9 ： 1

图 14　鄂东北民居天井　　　图 15　鄂东北民居房间内采光天井　　图 16　亮瓦
　　　（作者自摄）　　　　　　　　　　（作者自摄）　　　　　　　　（作者自摄）

3.前高后低：单体建筑的建筑形态

　　鄂东北传统聚落民居的另一个显著特征是单体建筑一般前高后低,这样的建筑形态在夏季可以为单体建筑增加南风的迎风面,冬季减少寒冷的受风面,同时,更可以减少前一排房屋对后排房屋采光和通风的不利影响（图17）。

图 17　翁杨下冲街巷：单体建筑前高后低
（作者自摄）

3.2　有机密集：有组织、密集建造的群体优化效应

　　传统聚落重视对夏季风的引导和对冬季风的阻挡,所以鄂东北地区传

统聚落一般依靠山地或者丘陵的阳面沿坡而建,以求获得良好的日照环境,同时也能阻挡寒流,保持村落相对稳定的微气候环境(图18)。不仅如此,传统聚落一般选址在河流湖泊附近,面水而建,形成村前水塘。利用水比热容大的优势,使水面与陆地具有一定的温度差,从而形成良好的水陆风,有效降低聚落内的温度。

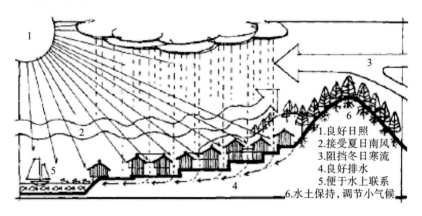

1.良好日照
2.接受夏日南风
3.阻挡冬日寒流
4.良好排水
5.便于水上联系
6.水土保持,调节小气候

图18 聚落选址的生态观

(来源:《风水理论研究》)

鄂东北传统聚落民居有组织的密集建造和内部多样性空间的构建,源于一种与现代居住建筑截然不同的空间利用模式。鄂东北传统聚落民居尽量压缩公共空间,只保留最基本的交通空间,将空间更多地放在建筑内部,形成半室外的天井和庭院。由于有了内部的天井和庭院,可以依靠面向天井和庭院的内表面采光通风,这样建筑就可以建造得很密集,并形成了3种空间层次:室内空间、建筑围合的半室外的庭院空间和公共空间。这些空间和日常生活紧密相连,利用率很高,是活态的空间。我们把这种密集建造称为有机密集,其特征如下:①顺应地势,减少土方,根据地形自然布局;②街巷尺度小,"凉巷"形成公共空间网络,与槽门、弯水一起形成组合式捕风系统;③利用以天井为单元的密集建造方式,相邻房屋之间可直接相连,不留间距;④建筑形体前高后低,有利于提高自身的热工性能,并减少前后遮挡。

1.以天井为基本单元的多层次有效空间

在鄂东北传统聚落中,因为天井的存在,建筑可以密集地建造在一起,甚至整体相连,从而减少与外界不利环境直接接触的表面积,优化整体的体形系数。由于建筑之间相互遮挡,位于内部的大部分房屋、墙面基本不会受太阳直射,可获得比较稳定的内部环境。这样更能充分发挥传统民居建筑厚重的墙体和天井的气候调节优势。

现代居住楼盘将空间简单地划分为两种类型:私密的室内空间和公共的室外空间。空间类型单调,没有内部庭院这种半室外的过渡性私密空间。因为没有天井和庭院,必须依靠建筑外围的面采光,所以必须控制建筑的间距,将大量空间划分为公共空间,而不可能密集建造。现代建筑的内部完全是私密的室内空间,外部完全是开放的公共空间,而且室外公共空间私密性不佳,缺失亲和力,很多活动无法进行,大大降低了其利用率。

以天井为基本单元的住宅模式优于现代住宅的行列式布局模式,这种模式不仅在空间的舒适程度上,而且在开发强度上也更优(图19)。图20模拟的是鄂东北聚落天井式民居和行列式现代住宅两种模式的通风情况,当天天井式民居为2层和现代住宅为6层时,容积率基本相同。当天井式民居为3层时,容积率大于6层现代住宅。

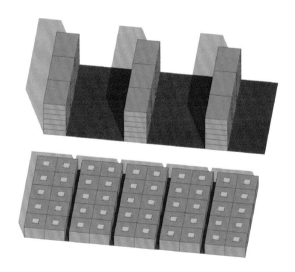

图19　以天井为基本单元的住宅模式与行列式现代住宅对比

(作者自绘)

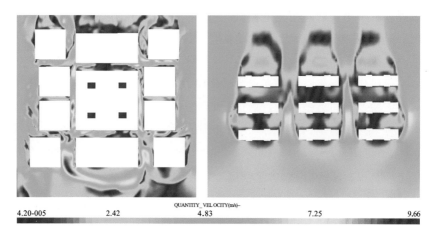

| 4.20-005 | 2.42 | QUANTITY_VELOCITY(m/s)- 4.83 | 7.25 | 9.66 |

图 20　鄂东北传统聚落天井式民居与现代住宅通风模拟对比

从对鄂东北传统聚落天井式民居与现代住宅的风环境对比模拟中发现,在同样的季风环境下,鄂东北传统聚落巷道的风速明显大于现代住宅内公共区域的风速。夏季小区内的公共空间全部暴露在直射阳光下,人体舒适性明显不如鄂东北聚落的巷道空间。

2. 槽门、巷道、弯水:组合式捕风系统

鄂东北传统聚落民居中通过槽门和巷道结合形成的捕风系统,可以增强风压通风的效果。

一般而言,在当地家族地位越高的居民,经济条件越好,院落格局越复杂,内有街巷,每户沿街巷一侧开门,并依靠巷道两边的墙壁和短出檐形成半封闭空间,巷道尺度不宽,一般宽度约为 6 尺(1 尺=33.3 厘米),故称"六尺凉巷"。因两侧山墙高大,且巷道顶部部分有屋顶覆盖,可以产生较大的阴影面积,故在炎热的夏日不会有灼热的阳光射入石巷,巷道较阴凉,可提供乘凉、手工劳作的半室外空间(图 21、图 22)。

出于对风水的考虑,巷内户门不正对街巷,而是与街巷呈一定偏角,在构造上形成当地所谓的"弯水"(风水),从而形成极具特色的入口空间。从通风角度分析,倾角更加顺应风的来向,从而更好地将风引入建筑内部。弯水的设计有利于通风,也印证了"歪门斜道"的民间说法。在罗家岗村的 1 号

图 21   谢家院子槽门

（作者自摄）

图 22   谢家院子的凉巷

（作者自摄）

大宅中，巷道就像一个捕风的漏斗，巷道前端的槽门大，增大了夏天南风的捕风面积，后端缩小，减少冬天北风进入（图 23）。

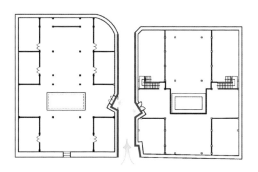

图 23   罗家岗 1 号大宅：槽门、巷道、弯水组成的通风系统

（作者自绘）

　　普通人家多建单一式院落或单栋建筑。鳞次栉比、错综复杂的单栋民居按照地形拼接在一起，自然形成有机的街巷空间。

　　鄂东北传统聚落通常地势开阔，南面无大山阻碍，而且通常都有风水塘，夏季都有明显的自然风，通过合理的组织，巷道风压通风的风速通常在 1 m/s 以上，人有较明显的吹风感，利于乘凉。

3. 随坡就势

鄂东北的村落前面一般都有水塘或水田,而村子周边一般都有树林或者人工种植的树木,村子的周边环境与村内的建筑共同形成了村落的微气候。

鄂东北地区普通聚落大多以平行等高线台阶式分布,呈线性布局。同列的房屋位于同一标高平面,不同列的房屋则分布在高程不同的几块台地上。各群组之间以不规则的路径相连。这种方式可更加紧凑地利用土地,减少建设土方量,同时避免前后的遮挡。

4　结　　语

鄂东北传统聚落民居中的气候适宜性策略,是先民们在数千年和自然环境抗争的过程中,经过不断试错而总结出来的,其地域性不仅反映在建筑形式和材料上,也反映在对地域气候的巧妙应对上。无论在单体建筑还是在群体组织的层面,这些经验都值得现代建筑师学习。尤其今天面对新型城镇化的需求,借鉴这些气候经验不仅有利于节能环保,还有利于在全球化的背景下,保持建筑的地域特色,保护田园文明,延续传统文化(图 24)。

图 24　新洲陈田村航拍图
(作者自摄)

参考文献

[1] 经鑫.传统民居墙体营造技艺研究——以鄂东南地区为例[D].武汉:华中科技大学,2010.

[2] 肖晓丽,褚冬竹.巴蜀地域民居局限性探析[J].新建筑,2005(4):29-32.

[3] 张涛.国内典型传统民居外围护结构的气候适应性研究[D].西安:西安建筑科技大学,2013.

[4] 张乾,李晓峰.鄂东南传统民居的天井形态特征与日照环境研究[J].华中建筑,2013(1):177-180.

[5] 张乾,李晓峰.鄂东南传统民居的气候适应性研究[J].新建筑,2006(1):26-30.

[6] 杨剑飞,刘晗,刘拾尘.鄂东北传统聚落的捕风系统研究[J].华中建筑,2015(11):167-170.

除了 4 ℃，还有更多——竹屋顶的隔热实验及建构处理^①

在华中科技大学建筑与城市规划学院展厅扩建项目中，大量竹子用于屋顶隔热层。物理实验证明，竹子有良好的热工性能，在夏季使用竹子作隔热层的房间比没有竹子作隔热层的房间最高温度低 4 ℃。然而竹子用作屋顶的美感远比它的热工性能更有冲击力。通过这个项目，笔者体验到，竹子作为建筑材料不仅是传统文化的延续，是绿色的建筑材料，它本身还有优异的性能。更进一步，笔者认为，绿色建筑不应单纯只是 green building，而应该是绿色建筑学，即 green architecture，不能仅强调技术，还应该对文化内涵进行整合思考。

1 概述：文化的竹

中国是竹的国度：北起黄河流域，南到海南岛，东起台湾，西到西藏，均有竹子自然分布，而长江流域以楠竹最多。中国人钟情于竹，尤其是士大夫阶层，竹子似乎成了文人品质和生活格调的象征，在中国文化中处处留痕。且看这些关于竹子的诗句，无不包含着对这种巨大草本植物的钟爱之情："何可一日无此君（宋之问）""一片瑟瑟石，数竿青青竹（白居易）""独坐幽篁里，弹琴复长啸（王维）""可使食无肉，不可居无竹，无肉令人瘦，无竹令人俗（苏东坡）"。郑板桥"无竹不入居"，租房住也要先种竹子。在代表文人精神的植物中，"岁寒三友"有竹子，"四君子"也少不了竹子。苏东坡还觉得

---

① 本文研究的项目是集体合作的结果，感谢 2005 年暑假华中营造社的志愿者们，他们是金婷婷、万亚兰、黄琳、章亚平、陈秋见、陈涛、王梦、赵严、陈秋瑜、张丹澍、王东、李家松、李阳、黄李涛、刘聪、黄微、徐凌燕、邹宇旸、张洁、何文芳、王妍卉；感谢武汉凌云建筑装饰工程有限公司给予的物质及技术支持；感谢广东嘉宝莉化工有限公司资助所有涂料及油漆。本文成稿时间：2006 年 2 月。

"岭南人,当有愧于竹","食者竹笋,庇者竹瓦,载者竹筏,炊者竹薪,衣者竹皮,书者竹纸,履者竹鞋"。在造园史上,竹子在魏晋时期就已成为造园要素,李格非《洛阳名园记》评述的绝大多数私园中都有竹景,更把"三分水,二分竹,一分屋"作为理想人居模式;《园冶》中进而归纳出"结茅竹里""竹坞寻幽""移竹当窗"等多种竹子造景手法。

到了现代,冯纪忠的何陋轩被台湾建筑师誉为"中国现代建筑的坐标点"。在当代,随着生态意识的增强,以竹代木的呼声和东方文化的回归,使竹子逐渐成为中外建筑师的新宠。支文军、秦蕾的《竹化建筑》对近年来竹子在建筑界的使用做了详细的介绍。

在华中科技大学建筑与城市规划学院展厅扩建项目中,大量竹子用于屋顶隔热层(图 1)。如上所述,使用竹子似乎是历史必然和文化责任,无须多说。而在这个项目中,除了美和建构的层面,我们还想以物理实验的方法来探讨竹子的热工性能,以数据为我们对竹子的钟爱做出评价。

图 1　竹子用于屋顶隔热层

2 扩建概况

　　华中科技大学建筑与城市规划学院修建于 20 世纪 80 年代,为四层砖混结构,经过 2001 年扩建之后,形成了一个三合院,南面是一片树林,庭院的尺度和景观都不错,但是使用率很低,学生除了偶尔去学工办和打印室经过之外很少来此庭院活动。因此这次扩建的目的之一就是提高庭院的使用率,希望借此形成学院最主要的室内公共交流空间,其功能则是学院的展厅和咖啡厅。扩建面积只有 300 m²,高度只有一层,项目可谓小矣。而且周围都是老建筑,加建部分的各个界面基本都已存在,除了砌半堵墙,改造地面,最主要的加建部分其实是屋顶(图 2)。我们很自然地想到要用竹子搭建屋顶。

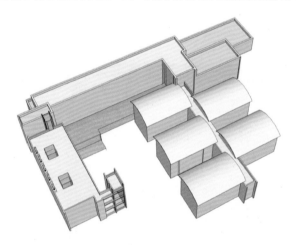

图 2　华中科技大学建筑与城市规划学院轮廓图

　　我们调查了武汉地区的竹子使用情况。一千年前王禹偁在黄州新建的竹楼为全竹结构,距武汉市 70 km。近现代,有记载的武汉本地竹构较为少见,但自搭建的临时建筑、农家乐餐厅等为数众多。和武汉人生活联系最紧密的竹构是竹床,空调还没普及时家家户户都离不开它,直到十几年前,夏天拖着竹床到户外过夜仍然是武汉人传统的消暑方式。

　　直接用竹子做屋顶从工艺上讲并不难,过去、现在、国内外都有,但是竹子屋顶的耐用性问题难以解决。现在的一些简易竹楼、简单处理过的竹屋顶不到五年就发霉变黑,不美观,而且容易漏雨,而对此,一千年前王禹偁就记载过:"吾闻竹工云:'竹之为瓦,仅十稔;若重覆之,得二十稔。'"一千年后情况并没有乐观一些,并没有可靠的延长竹子使用寿命的办法。也许用涂料可以增强它的耐腐蚀性能,但市场上难以找到。既然没有简单易行的办法,加上工期短、经费有限,不允许我们用太长时间做工艺研究。我们转而探索用竹子在夹芯钢板屋顶下做隔热层的可能性。

3　竹子隔热性能实验

按照绿色建筑使用本地材料的要求,我们使用武汉盛产的钢材做主体结构,屋顶选用夹芯钢板。武汉夏天酷热,日照下的屋顶温度最高超过65 ℃。夹芯钢板虽然夹有聚苯乙烯等,但隔热效果并不理想;而竹子中空,内有空气间层,理论上有较好的保温隔热性能。当然具体效果如何还有待验证。另外,空气的流动是否会对隔热有利? 保持竹子内部不流动的空气间层隔热效果好,还是打通竹节用流动的空气层隔热效果更好? 这个问题仅凭推理分析和查资料很难弄清楚,物理实验是较好的解决办法。

我们在屋顶搭建了两座小屋做实验,一个屋顶使用夹芯钢板,另一个在夹芯钢板下面加上一层约 20 cm 厚的竹子(图 3)。经过一个夏天的测试,得到了两组有价值的实验对比结果:夹芯钢板＋未打通竹子对比夹芯钢板,竹节不打通对比竹节打通。实验过程及结论如下所示。

图 3　竹屋搭建

实验材料:竹子、夹芯钢板、铁丝等。

测量时间:2005 年 8 月至 2005 年 9 月,60 天,每次 24 h,每 20 min 计数一次。

测量地点:华中科技大学建筑与城市规划学院楼顶,武汉。

测量工具:清华紫光温湿度自计仪,高度 1.5 m。

3.1 实验一:夹芯钢板＋未打通竹子对比夹芯钢板

1. 晴天温度比较

晴天温度比较(2005 年 8 月 9 日 12:00 至 2005 年 8 月 10 日 12:00),如图 4 所示。

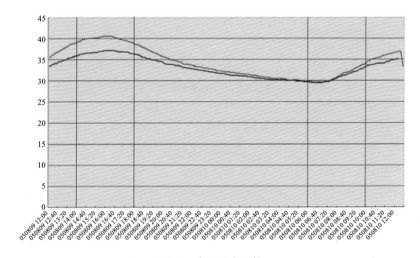

图 4 晴天温度比较

蓝色曲线:夹芯钢板＋未打通竹子屋顶的室内温度。

红色曲线:夹芯钢板屋顶的室内温度。

温度相差最大时段为 14:00—18:00。

红色曲线始终高于蓝色曲线,相差最大时段为 12:00—16:00,峰值分别为 41 ℃和 37 ℃。

2.晴天湿度比较

晴天湿度比较(2005 年 8 月 9 日 12:00 至 2005 年 8 月 10 日 12:00)，如图 5 所示，两者湿度相差不明显。

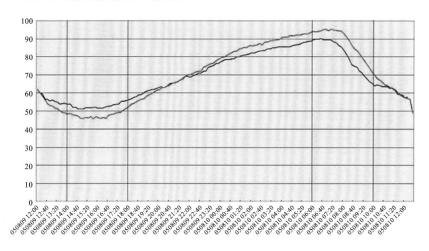

图 5　晴天湿度比较

蓝色曲线:夹芯钢板＋未打通竹子屋顶的室内湿度。

红色曲线:夹芯钢板屋顶的室内湿度。

3.2　实验二:未打通竹子、打通竹子和室外温度及湿度对比

1.未打通竹子、打通竹子和室外温度比较

未打通竹子、打通竹子和室外温度比较(2005 年 9 月 13 日 12:00 至 2005 年 9 月 14 日 14:40)，如图 6 所示。

蓝色曲线:未打通竹子隔热屋顶的室内温度。

红色曲线:打通竹子隔热屋顶的室内温度。

黄色曲线:室外温度。

2.未打通竹子、打通竹子和室外湿度比较

未打通竹子、打通竹子和室外湿度比较(2005 年 9 月 13 日 12:00 至 2005 年 9 月 14 日 14:40)，如图 7 所示。

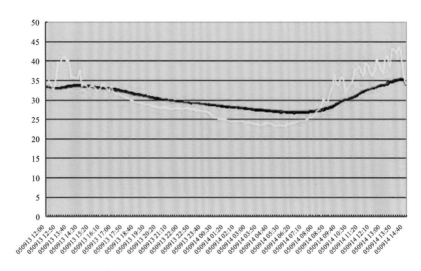

图 6　未打通竹子、打通竹子和室外温度比较

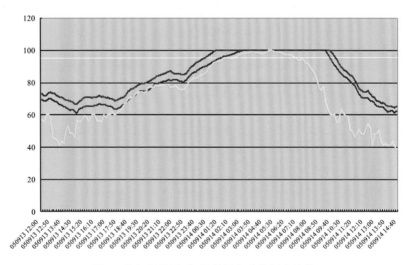

图 7　未打通竹子、打通竹子和室外湿度比较

蓝色曲线：未打通竹子隔热屋顶的室内湿度。

红色曲线：打通竹子隔热屋顶的室内湿度。

黄色曲线：室外湿度。

由图中可知，打通竹子隔热屋顶的室内湿度普遍偏高。

从以上数据可以得知，竹子隔热性能良好。在夏季中午，单纯使用夹芯钢板作屋顶，室内温度达 41 ℃，相同条件下增加竹子隔热层的室内温度是 37 ℃，屋顶使用竹子隔热的房间比没有竹子隔热的房间最高温度低 4 ℃。而在最高温度下使用竹子隔热层的湿度也更舒适。对比实验充分证明了竹子的良好隔热性能。

对比打通竹节和不打通竹节的情况，其效果差别不大，室内温度很接近，湿度有所变化，但对室内舒适度影响不大。考虑到竹子的竹节打通后更容易腐烂，我们选择了不打通竹节的方式。

4 竹钢同构

竹子和钢结构的搭接是下一个需要研究的问题。如果想保持竹子完整使之不易变质，绑扎是最好的固定方式。何陋轩的竹构建筑结点就使用了绑扎的方式。在最初的设计中，竹子被搁在工字钢梁上，然后用铁丝、铁皮或竹篾绑扎，不钻孔。结果施工队叫苦不迭：工期很短，竹子要一根根手工绑扎，费工费时，美观性和牢固性也很难保证。对他们来说，这个小型建筑又要做钢结构，又要绑扎竹子，现代和传统的鸿沟太大。经过反复推敲，最后的设计是直接把竹子卡进工字钢的两翼（图8），在整体钢框架网格中以席纹铺设，不需要钻孔、铆钉，也不需要绑扎，直接把竹子放进去，卡紧就好（图9）。施工简单迅速，没有容易松动和结点不整齐的后顾之忧。还有一个好处是结构层厚度降低，为展厅提供了更高的空间。

不过笔者以为，这个小小的处理方法解决了竹、钢结构的快速结合问题。它的价值在于为竹构建筑的快速建造提供了可能。

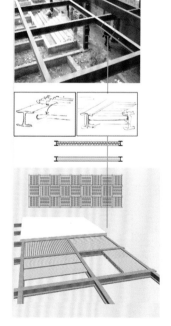

图8 将竹子卡进工字钢的两翼

300 m² 的竹子隔热层,四个工人两天时间就可以完成。而且从建构的层面看,这样处理很美,竹子和人更贴近,头顶铺开的一排排纵横交错的竹子似乎是一张巨大的凉席,青翠、清凉(图 10)。

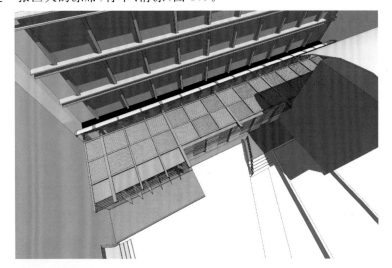

图 9　竹子与钢结构结合的效果

图 10　竹展厅

5 防霉防蛀:土法上马

竹子的美感比它的热工性能更有冲击力。粗壮翠绿的楠竹本身就给人一种愉悦感,人在触摸时会感到清凉光滑。

竹子防霉、防蛀的问题较难解决,周边又没有给竹子做现代工艺处理的厂商。既然没有高新技术,那就土法上马。武汉本地的竹床通常可以使用四五十年。最常用的防蛀工艺不外乎把竹床放在水塘里浸泡,用石灰水浸泡更好。我们在庭院里挖了一个十多米长的水池,放上石灰水,把竹子全泡了一遍,捞出来风干后再刷上清漆。

此外,竹子的砍伐时间、年龄、种类也很重要。春夏季砍伐的竹子水分多,容易发霉,秋冬季砍伐的竹子水分少,不易发霉。老竹子比新竹子的防霉、防蛀效果都要好。经过石灰水工艺处理的老竹子和新竹子放在一起对比,一个月后新竹子就会发霉,而老竹子则毫无变化。另外,我们用的楠竹是比较利于防霉、防蛀的竹种,它体粗肉厚,质地细密,糖分、淀粉、蛋白质等含量较低。楠竹生长快、材质好、种植面积大,在市场上也容易买到。

6 结语:绿色建筑学

本项目选用楠竹,一方面是在探索竹子的热工性能,另一方面也是在寻找文化的共鸣和愉悦的体验,看到头顶一片青竹,心情舒畅。竹子是可再生材料,使用竹子符合绿色建筑的要求。正如前文所述,使用竹子更有审美的、文化的、主观的意义,反映设计者对传统文化的偏爱,这是绿色建筑的概念所欠缺的。对设计者而言,使用竹子考虑了传统文化、环保意识、热工性能、感情等各种因素,这并不单纯是技术上的考虑;物理实验确实证明了使用竹子的可行性,但对设计而言这只是开始,后期的推敲和审美的提炼对设计过程更为重要。这样看来,过去绿色建筑的概念内涵似乎有所不足,绿色建筑不能只强调建筑技术,还应该包括审美的、文化的内涵,它的内涵应该扩大到绿色建筑学的范畴,以强调技术和文化的整合思考。

更进一步上升到文化层面,东方文化充满对自然的体悟和诗意的描述,这是擅长逻辑和理性分析的西方文化所缺少的(至少过去是这样)。在文化冲突与融合的今天,对逻辑和理性的学习不可或缺,这正是本文中物理实验的目的。人的体悟和诗意的联想同样重要,对东方人来说尤其如此。对今天的设计师而言,工具越来越先进,专业分工越来越细,整合思维的能力就越发重要。整合感性与理性,整合文化和数据,这是人所独有的智慧,是机器和计算机永远都做不到的。

参考文献

[1] 同济大学建筑与城市规划学院. 建筑弦柱:冯纪忠论稿[M]. 上海:上海科学技术出版社,2003.

[2] 支文军,秦蕾. 竹化建筑[J]. 建筑学报,2003(8):26-28.

"昌"字效应——对风水理论中被动式通风策略的计算机模拟^①

本文从被动式通风的角度,对鄂南民居中比较典型的风水规则做出评估。鄂南民居中的这些风水规则,有些有利于创造更舒适的室内环境,有些有利于节能,有些则属于迷信。但是对风水规划方面的研究很少得出科学性的结论。本文通过建立三维模型,借助软件对不同季节风速风向的模拟,对一些典型的风水规则进行了测试,如天井的位置和尺寸、地平面的逐渐抬高等,发现了一种与文丘里效应相媲美的通风效应,将其命名为"昌"字效应。最后本文认为风水理论中这些有价值的被动式通风策略完全可以在当前的房屋建设中得以应用。

1 引　言

风水学是一门综合学问,集天文学、地理学、环境学、建筑学、园林学、伦理学、预测学、美学于一体,代表先人几千年来生存经验的总结,这些经验在今天同样值得发掘和学习。风水道法自然,风水的各种理论,折射出古人与自然的和谐共处——几千年的农耕文明使得中国人的生存与生产始终依赖自然,因此中国传统文化始终强调天人合一,人和自然是不可分割的整体,而不是强调人对自然的征服。在当代这种和谐共生的观念对人类的发展依然重要。

2　对风水模拟的必要性与可能性

经过几千年的发展,风水理论不可避免地包含了许多迷信的思想。关

---

① 本文成稿时间:2005 年 9 月。

于房屋布局的各种规则,究竟哪些是科学的、合理的,哪些其实并没有科学根据,而只是人们为了找到一个说法,或者纯粹只是因为迷信?今天我们有没有可能通过科学手段对风水理论中的一些原则进行评估?这些问题并没有完全得到解决。由于风水学是综合学问,对它的分析也需要从不同方面进行。本文仅从通风的角度切入,以通山为代表对鄂南民居中一些主要的风水理论的被动式通风效果做出评估,主要包括"昌"字布局、"步步高"等。选择做通风模拟,是因为笔者在现场调研时发现,夏天传统民居通常都比较凉爽,在内部能够感觉到很强的穿堂风。而风水理论强调的就是风和水,因此某些风水原则可能直接和通风效果有关。另外,虽然风水理论的效果是多方面的,但单从通风的角度模拟好入手,容易得到数据,能说明问题。

借助计算机虚拟环境进行模拟的方法近年已经被广泛应用。声、光、热、通风的模拟软件都已经相当成熟,可以用科学的方法得到数据。虽然这种模拟还不能完全重现真实环境,但是与现场采集数据相比,它有自己的优点。例如要对冬、夏的通风情况进行对比模拟,计算机模拟周期短,数据容易获得,现场数据测试则至少需要一年的时间。另外,计算机模拟容易去除其他干扰因素,例如在现场要求冬夏的环境风速相同,基本不可能实现。当然,模拟得出的数据和现实条件会有偏差,但是证明一般性的结论是足够的。

3 计算机模拟及结果

3.1 当地气候

鄂南地区处于中纬度地区,具有典型的亚热带季风性气候特征。据1958—1980年气象资料记载,年平均气温为16.8 ℃,极端最低气温−15.4 ℃(1961年1月31日),极端最高气温41.4 ℃(1959年8月23日)。年平均日照时数187 9.6 h,日照百分率为42%。历年最多风向为东南风,年平均风速2.6 m/s,年平均风频率10%,春暖、夏炎、秋凉、冬冷,四季分明,阳光充足,雨量充沛,无霜期长。

3.2 "昌"字布局和"昌"字效应

1．"昌"字布局

鄂南民居天井的模式变化多样，有单天井、双天井和多天井。一般小型民居只有一个天井，中型民居有两个及以上天井。在大多数情况下，建筑物按照南北向布置，前后天井沿中轴线从南到北铺开。因此一般情况下，南天井属于前天井，北天井属于后天井。

在当地民间流传的风水原理中，有一个原则是后天井应该比前天井窄（主要指双天井民居），原因是这样的组合形状看起来像汉语中的"昌"字，寓意家庭会昌盛、繁荣。如果仅仅是因为房屋的形状像一个吉利的字就会带来好运气，那么这一原则的合理性就应该受到质疑。但是这样的"昌"字布局有没有包含有效控制通风的合理性呢？

2．计算机模拟

我们选取了一栋普通的双天井民居——舒宅来进行模拟（图 1），严格按照舒宅的尺寸建立了 3D 模型，用 CFD（Computational Fluid Dynamics，计算

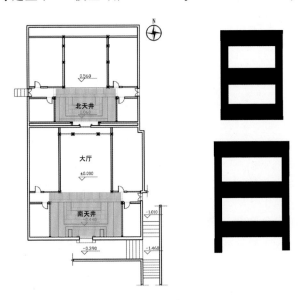

图 1 "昌"字布局

流体动力学)软件对这种"昌"字布局进行了模拟。当地民居通常都有较为封闭的外墙围护,门窗洞口较小。为了排除其他因素的干扰,我们建立的3D模型仅仅保留了前后天井和两个天井中间的厅,而封闭了所有门窗洞口。建模如图2所示。现状中舒宅按南北向布置,北天井比南天井进深浅,面宽窄。在北风和南风情况下舒宅不同位置的风速见表1。

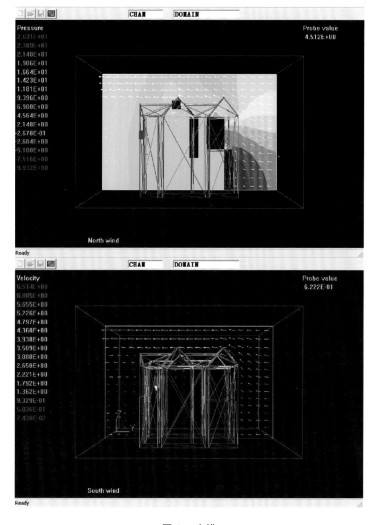

图2 建模

表 1　在北风和南风情况下舒宅不同位置的风速

位　置	风　向	
	北风(−3 m/s)下的风速/(m/s)	南风(3 m/s)下的风速/(m/s)
南天井中心	−0.44	0.89
北天井中心	−0.55	0.38
大厅中心	−0.51	1.21

　　(1)在前后天井的布局模式中,上风向的天井主要作为进风口,下风向的天井主要作为出风口(图 3)。对于双天井模式的这种进风原理,薛佳薇、钟伟祥等也曾经提出过。

南风

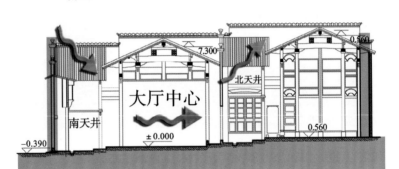

图 3　双天井的风向

　　(2)在同样的风速条件下(3 m/s),当风向从南天井吹向北天井时,大厅中心的风速高,风流量大,反之则风速低,风流量小。前者的风速约是后者的 2.4 倍。由于开口大小不变,大厅中心的风速变化同样说明了整体建筑的进风量。

　　(3)对比南天井、北天井和大厅中心,在这两种风向下大厅中的风速差值最大,南天井中心的风速差别次之,北天井中的风速较为稳定。

　　(4)对比南天井中心、北天井中心和大厅中心,在同样的风速条件下,当风向从南天井吹向北天井时,风速差别大;反之则风速差别小,内部环境气候相对稳定。

3."昌"字效应

由模拟数据可以看出,鄂南民居的风水理论中提出的这种"昌"字布局,并不仅仅只是吉利的说法。从控制自然通风的角度来看,它是非常站得住脚的。在鄂南一带夏季的主导风向是东南风,冬季的主导风向是北风。当建筑物从南到北平行于风向布置,天井的开口由大变小的时候,两个天井之间的大厅在夏季会增大通风量,使作为主要家庭生活空间的大厅相当凉爽。在冬季则会减小通风量,而且两个天井和大厅的风速变化不大,这样有利于形成相对稳定、温暖的室内小气候。

据此,笔者在此提出一种新的通风效应:"昌"字效应。"昌"字效应和文丘里效应有相似之处。不过区别在于,"昌"字效应用于平面上沿轴线铺开的建筑体量之间——在建筑物采用两个或多个天井相连接的模式下,当风向从南天井吹向北天井时,天井之间的自然通风量增加;反之,自然通风量减少。应用于建筑布局,通常冬季主导风向和夏季主导风向相反,那么把较大的天井布置在夏季主导风方向(南),则夏天气流增强,冬天气流减缓,室内环境因此冬暖夏凉。

事实上,对"昌"字效应的利用并不仅仅在鄂南民居中存在,在中国南方大部分地区的民居中,由前到后的天井(庭院)都会按照这种前大后小的布局方式来设置。曾建平的文章中曾经提到广东潮汕民居风水中的这种"昌"字布局模式,覃彩銮则指出广西壮族民居中也有"昌"字布局。当然,在风水理论中要求房屋按照"昌"字布局,除了包含对自然通风的利用,还包含着繁荣昌盛的寓意。这也是中国古代文化所特有的一种表达方式。

在具体的演变中,"昌"字效应的布局还可以表现为多种变体。在多天井的大型建筑中,天井通常会由南到北逐渐减小。更为复杂的变体如图4所示,该建筑南面有三个完整的大天井,经过种种变化,到北面变成一系列小天井。依据"昌"字效应的原理,不难推断,从自然通风的角度考虑,这样的布局同样做到了南面进风口大,北面进风口小,起到了冬暖夏凉的作用。

图 4 "昌"字效应的变体

3.3 步步高：地平面前低后高

按照风水要求，良好的房屋地平面设计还应该从前到后逐渐抬高。从控制自然通风的角度来看，这样的布局方式也是非常科学的。由于大部分民居都是面向南方的，南方（夏季主导风向）低，北方（冬季主导风向）高，夏天的进风量大、风速高，冬天的进风量小、风速低，因此室内环境符合人们夏天需要大量通风来降温、冬天需要减少通风来保温的需要。我们同样利用舒宅的 3D 模型进行模拟，舒宅的地平面由南到北抬高了将近 1 m（图 5）。对比由南到北地平面抬高和保持水平这两种情况。模拟数据显示，相对于水平地面，地平面由南到北抬高 1 m 时，大厅中心夏天的风速增加了 11%，冬天的风速减小了 9%。如表 2 所示。

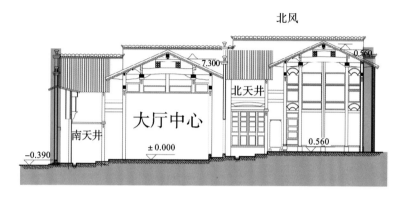

图 5　舒宅地平面由南到北抬高

表 2　地平面保持水平和地平面抬高的情况下,大厅中的风速变化(环境风速为 3 m/s)

位　　置	风　　向	
	北风下大厅中的风速/(m/s)	南风下大厅中的风速/(m/s)
地平面保持水平	−0.55	1.11
地平面抬高	−0.51	1.21

3.4　房屋朝向不能面向正南

　　在鄂南民居中还流传着"房屋朝向不能面向正南"的说法。根据当地的夏季主导风向(东南风),模拟得出面向正南的房屋通风量要略小于面向东南的房屋。但是,对于这一理论,笔者以为,CFD 模拟很难有说服力。鄂南本来就是一个很大的范围,各个村庄的主导风向也变化多样,甚至有夏季主导风向是西南风的例子,为什么偏偏不能朝向正南?张良皋先生在《武陵土家》中提到在鄂西民居中也有这种讲究。他指出,这是民间工匠迫于条件的限制,难以将房屋的方向对准正南而编造的理由。笔者推测,还有另外一个原因是封建等级制度的结果,在古代,只有宫廷建筑和宗庙建筑才能面向正南。

4 结　语

　　鄂南民居中所包含的风水理论,虽然有一些属于迷信,但也有一些是非常精妙的被动式通风策略,如"昌"字布局。在今天的房屋建筑中,当建筑物前后出现多个庭院时,一般都是按标准轴线柱网对齐,而很少有大小之分,这就忽视了冬季和夏季对通风的不同要求。鄂南民居古代风水理论中所包含的"昌"字效应等被动式通风策略,比按照轴线对齐的现代庭院布局要高明得多。这是值得我们学习的经验。本书中所做的模拟仅仅是风水理论的冰山一角。在未来,我们还会从不同的角度对风水理论进行模拟和科学分析,以期从中提炼出真正有价值的原理。

参考文献

[1]　王其亨.风水理论研究[M].天津:天津大学出版社,1992.

[2]　亢亮,亢羽.风水与建筑[M].天津:百花文艺出版社,1999.

[3]　曾建平.潮汕民居的美学意蕴——以陈慈黉侨宅个案研究为例[J].汕头大学学报(人文社会科学版),2003,19(5):103-108.

[4]　覃彩銮.试论壮族民居文化中的"风水"观(下)[J].广西民族研究,1996(3):68-74.

[5]　张良皋.武陵土家[M].北京:生活·读书·新知三联书店,2001.

空间原理:第一个以空间为主线的教学体系^①

20世纪50年代冯纪忠在同济大学推行的空间原理教学体系,是中国乃至全球第一个以空间为主线、全面组织各年级建筑设计教学的体系。不同年级、不同空间类型的练习,比如大空间塑造、空间排比、空间顺序等,结合课程组织,加上讲述和教授工作方法,学生能掌握设计原理。这种教学体系弥补了过去根据类型教学的缺陷,教授原理而不是经验,让学生可以举一反三。空间原理超越形式主义和功能主义,也体现了设计方法本土化的意识。

1　首开先河:国际领先的空间原理教学体系

20世50年代冯纪忠在同济大学推行空间原理教学体系,他打破了过去以类型来组织设计教学的传统,也使形式训练退居其次,而将空间作为核心问题提出来;进而又将空间按照从小到大、从少到多、从简到繁的方式分类,贯穿各年级的教学内容;更进一步,再将不同空间需要解决的不同问题、与不同专业的结合穿插在其中,全面组织教学。经过这样的教学训练,学生掌握的是针对不同类型空间的普遍设计原理,而不是针对不同建筑类型的具体设计经验。学生对设计方法的认识也因此不同,从而能够做到举一反三,用原理解决工作中面对的新问题、新类型。

冯纪忠始终强调设计的原创性,设计是要训练的硬功夫。所以不难理解,他的教学思想重点强调的是原理和方法,学生掌握原理才能熟练应对日后遇到的各种具体问题。无论建筑、规划、景观,以空间为主线推进设计都同样重要。他回忆说:

---

① 本文成稿时间:2015年11月。

"20 世纪 60 年代空间的问题很重要,真正以空间作为主线来考虑问题,当时不容易被人接受。但事实上,不管是建筑,还是城市、园林,以空间来考虑问题要更接近实际①。"

他认为单纯强调形式或功能的决定性作用都是片面的。当时,他以空间为主线的设计观其实已经融入了实践,又进一步拓展到教学体系组织,事实上已经形成了完整的空间原理设计方法论。当他把空间原理融入现代建筑教学,不同于巴黎美术学院的形式主义,也不同于现代建筑的功能主义,在全世界都具有领先性。缪朴指出这不仅在全国首开先河,在国际上也是先进的。顾大庆认为空间原理体现的空间意识和方法意识觉醒基本与西方国家同步。那么这样一个空前的教学体系是如何产生的? 之后又有什么样的境遇? 为什么今天我们对它知之甚少呢?

2 困境求真:在厨房里琢磨建筑教育

20 世纪 50 年代运动不断。1952 年院系调整,冯纪忠本来在规划教研室,他和金经昌非常合得来,两人想靠一股热情把城市规划搞深搞透。确实 20 世纪 50 年代各个城市也开始需要规划。可惜这时候建筑却和规划分开,并到土木系,叫建筑工程系。当时全国 7 个建筑系只有同济有这样的遭遇。

在这种情况下,工作事实上是停顿的,冯纪忠既不能碰规划,也无法参加教学。虽然在外没有项目可做,他也不愿在家闲着,就在狭窄的厨房里琢磨教学的事情,在教学方法上动脑筋。生活的困难反而使他通过教育对设计思想进行反省。他认为教育要教给人们体系和方法,因此设计如何成为一种方法,如何把这种方法传授给别人就成为他思考的内容。他为了把创作方法讲清楚,让学生易于掌握,推进了他的建筑思想。据冯叶回忆:"在那个小厨房里有个小桌子,是我妈从旧货市场上买来的,四角有点生锈,摇摇晃晃的……我睡在厅里,因为我们家是一厅,只有一房间,但是没有间隔。我记得每次在我们临睡前,我爸就开始擦桌子了,因为吃饭的桌子上有油。

---

① 根据 2007 年 7 月冯纪忠先生讲谈整理而成,在场者有赵冰、冯叶和刘小虎,原影像资料由冯叶收藏。

一擦桌子，那桌子就摇摇晃晃的，擦完以后，他让我睡下，就拿他的书稿进小厨房去了。我有时候半夜会醒，就看到厨房的门缝还透着灯光。啊！他还在写，后来我知道就是写空间原理、备课等。"

3 悄然传播："冯氏空间原理"

在冯纪忠的多次访谈中，空间原理他并未多提。原因是 20 世纪 80 年代后他的兴趣点已经超越空间原理，转向了意象、意境的表达和探讨。

我们发现了同济大学建筑系印刷的大事记（图 1），书中将空间原理命名为"冯氏空间原理"，多次重点记录了空间原理的教学执行情况，是空间原理传播的珍贵历史记录。虽然这套教学方法最初受到排挤，但真的理念和方法，终将传播开来。

1962 年 9 月起，建筑学二年级至四年级全按空间原理系统进行教学（包括课程设计）。

1962 年底，冯纪忠去城市规划教研室介绍空间原理，组织编写空间原理教材。

1963 年 3 月，傅信祈（冯纪忠的助手）去南京工业大学介绍空间原理教学。

1963 年 6—7 月，教育部要求修改教学计划，精简学时。全国建筑学计划在上海召开修订会议。会议期间冯纪忠推荐按空间原理系统制定计划，并展出空间原理设计作业，遭到其他学校的反对。会后同济大学

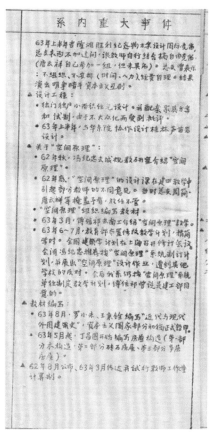

图 1 大事记：空间原理

（冯纪忠）

建筑系仍按空间原理系统单独制定教学计划。

1964 年 5 月,学术讨论会上,葛如亮介绍了大空间建筑设计原理问题,会后讨论激烈(有校外设计单位等参加)。当时冯纪忠认为教学效果要 10 年后见效。

4　提纲挈领:空间原理的基本构架

空间原理的核心思想,是通过不同年级、不同空间类型的练习,比如大空间塑造、空间排比、空间顺序等,结合课程组织,加上讲述和教授工作方法,让学生掌握设计原理。冯纪忠提出的"空间",是想让建筑区别于形式处理。冯纪忠提出的现代建筑的基本概念认为,建筑应该是空间与形式的组合,空间是"空"和"实"的整体。他也对空间分类,但分类是按空间组合中的主要矛盾进行的,不像过去按建筑用途来分。空间原理的基本构架如下。

(1)第一章:如何着手一个建筑的设计。

设计的次序不应是总体→单体→室内,而应是总体→单体←室内。在小学校的设计中,室内空间使用上不可分的组,不忙于组成单体。同时组织这样的若干个组与室外若干项用地的总体平面,才能分析比较用地的经济性。

建筑设计涵盖的内容从使用要求、组织平面到立体空间。这个立体空间用物质(顶)覆盖,就不得不调整。首先是高度的调整,随之而来的是解决承重和功能之间的矛盾。这时首先是平面的调整,构成形体后再根据多种因素全面调整。

(2)第二章:群体中的单体。

这一章主要讲居住建筑设计和居住生活中心,强调社会生活组织、建筑群体布局、居住建筑的基本单元和组合形式。从规划、建筑到室内设计不是接力棒,而是一环扣一环的。每一步都不是孤立的,而是承上启下的,既要服从程序的客观规律,又要反复斟酌,由里到外,由外到里。古典主义的由外到里和功能主义的由里到外都是片面的。"隔而不围,围而不打",是指工作方法。先把问题摆一摆,随后把问题与问题的关系弄清,不盲目单独深入。犹如围棋,不急于求活。土地要算了再用,不能用了再算。

(3)第三章:空间塑造。

空间塑造包括大空间塑造、空间排比、空间顺序和多组空间组织等。它是按空间组合中的主要矛盾分类的,不是指建筑用途的分类。空间塑造既是建筑的现象,又是设计过程的主题。

设计的步骤是先衡量主体使用空间,其次与附属空间组合起来,然后布置结构,最后处理造型。这是大体的设计步骤,但又要逐步调整。组合在结构布置之前,并在结构布置时加以调整,才能使功能要求处于主动地位。附属空间不单是为了消极地完成辅助主体空间的任务,而是组合中的活动因素。

视线设计、音质、体育活动净空、通风采光等技术条件都是大空间要考虑的内容,力和使用空间的形状是决定大空间结构的主要因素。

(4)第四章:空间排比。

大体步骤是先求单元,然后组合。在设计单元时已把功能结构和设备、采光等因素综合起来,而在组合时应综合考虑上述因素。平铺或层叠的组合各有不同的问题。

排比是为了求得功能单元和结构单元两者最经济的结合,但不能把两者在三维空间上的一致作为排比追求的唯一目标,包括图书馆、办公楼等,如教学楼多种用途的空间单元与相应的结构单元的确定,办公楼的桌距、窗轴距与结构中距的确定,书库的架距与柱距的设计,实验楼平面与垂直的固定设备与设施的灵活分间的矛盾及其解决办法。结合排比,说明模数化、标准化、定型化、装配化的含义。

(5)第五章:空间顺序。

空间顺序涉及工业建筑的工艺流程与空间组合,交通枢纽站内部的流线组织和建筑空间关系,展览场所中多线流程的分析、组织及其构成建筑空间的工作步骤等内容。

(6)第六章:多组空间组织。

本章以医院设计为主要例子。

(7)第七章:综论。

第一、二章为第一阶段,第三、四、五、六章为第二阶段,均结合设计建筑逐个逐步讲授。在此基础上,最后再对建筑空间组合设计原理作简要概括。

5　大道至简:空间是设计的根本

空间原理立足于弥补过去教学中的缺陷,过去建筑设计根据类型来组织:先做幼儿园,再做图书馆、住宅、剧院等,虽然也是从头到尾细究一遍,但学生不能举一反三,没有学过的类型就不会设计。这就是教学体系的问题,教学不应该只教经验、类型,而应该讲授方法和原理。形式的规律当然应该有,形式训练也重要,但必须从属于空间的主干,以空间为主,以形式为次。

教学上,不能割裂开只讲一个形式的规律。形式规律当然要有,它不能独立存在,一定要跟其他规律结合,它才是合理的。所以讲空间原理,不能属于绘画型的。

冯纪忠回忆,在奥地利留学时,有一本纽菲特(Neufert)的《给设计人的手册》,建筑师人手一册,里面除了图表、举例,还有一部分“讲共同的东西”,走道怎么样,门厅怎么样。冯纪忠觉得这部分很重要,他的空间原理某种程度上也在探索这种“共同的东西”。维也纳技术大学的教学还是按照不同类型组织讲解,一个类型可以很深入,但类型对概念不起作用,反倒是空间能对概念起作用。他回忆说:

“考虑到有个大的分类,大的分类以什么为题才能把整体联系起来,把骨架搭建起来呢?我想到的就是空间了。我一方面研究总的安排,一方面研究细的比较。我们不同的工作都要归到空间组合上来考虑的话,那很多问题都可以解决了。工作方法、工作次序都有一定的安排。这里就有很多种方法了,我们搞方法论,其实很多东西在这里面已经用了。不过,现在方法更细致,更科学。实际上方法也好,手法也好,一定要有一个提纲挈领的东西。这个‘领’是什么呢?就是空间。”

冯氏空间原理有以下特点。

(1)以空间为主线来推进设计。以此为前提,再对形式和功能反复推敲。形式和功能是互动关系。

(2)并非某个年级或专题式的教学实验,而是全面贯穿从低年级到高年级的整个教学过程。

(3)以空间作为纲领全面组织其他课程。根据不同空间的需求,结构、声学、技术等相关课程在不同时段切入。

(4)超越形式主义和功能主义。冯氏空间原理既不是古典主义的形式训练,也不是功能决定形式,而是先研究空间的组织,再把形式和功能两个因素反复磨合。

(5)设计方法本土化。它强调不急于解决成对的概念(比如屋顶的内需和外因,平面的分隔与联系),而是"围而不打,把问题摆一摆,再平行解决,不盲目单独深入"。这是借用了围棋的智慧,重在纵观大局的"围",而不是局部的"争"。这一原理已经将传统文化融入设计方法了。

在空间原理中,冯纪忠写下的第一点是"对此事、此地、此时的全面了解"。任何设计首先都要经过对要求、现实、环境的理性分析,才能进入组织空间的程序,之后才是形式和功能的反复磨合。在他晚年的研究中,设计已经不止于此,更进一步的是意动,简单说就是原象如何成为意象、意象如何升华而成为意境。空间原理解决的是操作层面的问题,适合大规模教学训练;意动是设计的更高境界,曲高和寡来自冯纪忠对中国古代诗歌的体悟,也完成了他对传统文化更加诗性的回归。

6 原创为本:空间原理的意义

比较早期的现代主义时期,希格弗莱德·吉迪翁也在思考时间、空间,他把爱因斯坦的相对时空结合起来。但吉迪翁还在认识论的阶段,他是根据《空间·时间·建筑:一个新传统的成长》的思路,从历史来源、思想、哲理上来谈空间的,那是认识空间的问题。包豪斯虽然推行现代建筑,却并没有提出关于空间的方法论,而一套系统的方法论一定要经过大量的现代建筑的创作才能总结出来,之后才能教授。空间原理教学体系是冯纪忠从求学到归国多年总结出的完整的设计方法论。

在全球层面上，20 世纪 60 年代，把方法论转化为教学体系，空间原理和"德州骑警"（20 世纪 50 年代美国德州大学奥斯汀建筑学院的一批具有先锋思想的年轻教员）有共同的前沿性。几乎同时期"德州骑警"（Texas Rangers）也在进行教学实验。勃那德·赫伊斯利（Bernnard Hoesli）、柯林·罗（Colin Rowe）和约翰·海杜克（John Hejduk）等人不但对布扎的教学体系进行了批判、肯定，对当时流行的包豪斯教学体系也有独立的判断。勃那德·赫伊斯利后来发展出一套建筑设计入门训练方法，将空间的教育具体化为一系列的基本练习。

值得强调的是，相对于中国过去引进的布扎体系以及后来引进的包豪斯体系，空间原理体现出更多的原创性。虽然空间原理受到来自维也纳的现代思想影响，但这种贯穿教学过程的体系前所未有，而且它还吸取了传统文化的智慧。它是针对当时的中国国情和实际教学需要做出的探索，即使在今天对设计教学仍然有启发意义。面对当今建筑设计的诸多流派，一波波的思潮，一轮轮的风格变迁，如果我们回顾冯纪忠在 20 世纪 50 年代提出的观念——空间才是建筑设计的核心问题，会更清楚什么才是设计的根本，从而不至于盲目追随西方思潮，甚至陷入强势文化的商业圈套而不自知。须知，强调形式的方法难免落入形式的圈套：设计传统建筑就是简单仿古，不顾当下的技术条件；做现代建筑流于形式抄袭，产生大量的"图像建筑"。这种做法不仅缺少创新，建筑使用起来也问题重重。我们今天所看到的大量设计未必解决了空间原理中的基本问题，包括不少媒体追捧的、把中国作为实验场的国际"明星"建筑。如果更多人接受过空间原理的训练，如果空间原理能够更早、更广泛地传播，这样的劣质建筑会少很多。

7 超越布扎：主流之外推进 现代建筑教育的努力

顾大庆指出，中国建筑教育是布扎建筑教育在中国从移植、本土化到衰退的过程。欧美的布扎建筑教育在 20 世纪 40 年代前后的二三十年间衰落，从布扎的形式主义转向以现代建筑为基础的功能主义。而我国的布扎建筑教育则一直延续至今才发生转变。但《空间原理》就是"在布扎主流之外推进现代主义建筑教育的努力"。冯纪忠回忆当时的情况说："建筑初步很能反映这个学校对建筑的基本看法。20世纪60年代,我感觉国内的建筑初步非常偏,完全是画图、表现。在有些学校,如果你拿出一个方案来,没有色彩,根本没人看。我们那时要表现的话,可以有色彩,可以用碳笔、铅笔,不太强调渲染。"渲染在建筑历史中用得多,也渲染得相当细致。1963年,在全国建筑学专业会议上,同济大学展出了空间原理的初步教学成果,各年级的计划、设计安排、学生图纸。当时是反对者众,赞同者寡,仅有天津大学的徐中等少数人支持。对于空间,"我们国内还没有真正接受"。但是,这套空间原理设计教程对其他一些院校有一定的影响。顾大庆记载,受刘光华邀请,冯纪忠在20世纪60年代曾经介绍过他的空间原理教程。当时空间原理的教学体系基本形成,当时的学生还是有所收获的。空间原理教案真正得到公开发表是在1978年第二期《同济大学学报》。2007年,当"冯纪忠和方塔园"展览在深圳举行的时候,一位远道而来的出生于20世纪60年代的学生说,受益于当年空间原理的教学,当遇到没有接触过的项目时,不会觉得心中没底,遇到机场航站楼也同样马上可以设计,那不外乎就是大空间和空间顺序的问题。

今天,空间原理作为现代建筑教育创新的意义已渐渐为人所知,以空间为主线来组织教学也已经在一些高校得到应用。可惜在50年前,随着空间原理教学体系的中断,中国的建筑教育第二次与现代建筑擦肩而过。

参考文献

[1] 冯纪忠.意境与空间——论规划与设计[M].北京:东方出版社,2010.

[2] 缪朴.什么是同济的精神？论重新引进现代主义建筑教育[J].时代建筑,2004(6):38-42.

[3] 赵冰.冯纪忠和方塔园[M].北京:中国建筑工业出版社,2007.

[4] 冯纪忠."空间原理"(建筑空间组合设计原理)述要[J].同济大学学报,1978(2):4-12.

[5] 冯纪忠.建筑人生——冯纪忠自述[M].上海:东方出版社,2010.

［6］ HARBESON J F. The study of architectural design［M］. New York：
The Pencil Points Press,1926.

［7］ CARAGONNE A. The Texas Rangers：Notes from an architectural
underground［M］. Cambridge,MA：The MIT Press,1995.

［8］ ROWE C,KOETTER F. Collage city［M］. Cambridge,MA：The
MIT Press,1978.

［9］ ROWE C,Slutzky R. Transparency［M］. Basel：Birkhauser,1997.

鄂东北传统住宅通风性能研究^①

自然通风是建筑设计中必不可少的重要一环,良好的通风条件对于保持室内的热舒适度有着很大的帮助。鄂东北地区位于夏热冬冷地区,传统住宅有其独特的通风体系,通过冷巷、弯水、槽门、天斗等多种传统元素的有机结合,为建筑提供了舒适的风环境。本文的研究对象为鄂东北地区传统民居中的被动式自然通风技术,通过 CFD 技术对传统民居空间设计和空间通风规律进行挖掘。首先,利用 CFD 软件计算了传统民居建筑室内外风环境的特征,并且通过实地调研测量的数据来对模拟数据的准确性进行验证,从而证明 CFD 模拟软件的可靠性,并对其结果进行了评价总结。然后对弯水和槽门住宅进行开窗优化设计,观察其通风性能的提升程度,并总结分析。最后,本研究客观真实地揭示了鄂东北地区传统民居的通风特点,希望能继承和更新这些传统经验,用于现代建筑设计之中。

引　言

鄂东北地区地处夏热冬冷气候区,夏季温度高,最热月份平均气温达 32.5 ℃,年平均相对湿度高达 77%。当地传统民居在数千年来为应对自然环境总结出适合当地气候环境的被动式设计方法,通过对冷巷、弯水、槽门、天斗等元素的综合运用,形成了该地区独特的捕风系统。本文针对鄂东北民居独特的捕风系统,对其进行风环境的研究。

---

① 本文改写自刘小虎指导、刘学卿撰写的硕士论文。成稿时间:2019 年 1 月。

1　文献综述

现有的针对聚落和传统住宅风环境的学术研究有很多,但大多都有地域性特点。进入 21 世纪后,我国也逐渐深入研究传统民居的生态环境,传统民居逐渐从乡土建筑聚落研究的分支中走出来,成为一个独立的研究领域。华南理工大学的众多学者推动了民居气候适应性研究的进展:曾志辉通过理论演绎和案例研究,掌握了岭南传统民居中天井所发挥的独特作用,提出了室内热环境综合整治方法;陈杰峰分析和研究了潮汕传统村落街巷空间,发现街巷的尺度不同,对街巷的自然通风组织的影响也不同。西安建筑大学的学者在传统民居的研究方面也有很高的造诣。石峰对陕南山地民居进行调研、实测和模拟分析,发现山墙开洞有利于形成热压通风,可以在一定程度上改善夏季热环境;林晨为了探究彝族民居的通风性能,运用数字模拟软件对彝族民居的建筑室内外风环境进行模拟;梅森对江南民居自然通风进行分析发现,江南民居的天井有重要的作用,一方面,它有良好的热压通风效果,另一方面,它也提高了风压通风的强度。重庆大学李欣蔚采用数值模拟方法对典型的土家传统建筑群和建筑单体进行研究,提出针对夏季室内过于炎热这一问题的解决方案,从而达到用被动式技术手段节能的目的。哈尔滨工业大学张银松对比珠海不同聚落布局形式下传统聚落建筑群周围风热环境的模拟结果,总结出良好的被动式设计方法。欧美学者对当地传统民居的研究也在不断深入。Kobayashi 等人发现建筑屋盖对促进建筑室内通风具有良好的作用。Dili 在印度地区研究了一个典型乡土建筑的风热环境,分析当地的被动式设计对气候的适应性,结果表明当地的材料、建造方式、布局特点等对室内保持良好的风环境有积极作用。Johansson 测量拥挤的大街小巷的四季温度变化,得出狭窄聚落布置对缓解干热非常有利,能达到冬天不冷夏天不热的效果。Madhavilndraganti 解析了密集式的布置方式和细长的街道在印度地区可以起到降低温度的作用。Gou 等人对夏热冬冷地区新野村的建筑气候适应性做了分析,发现几个被动性措施有利于建筑对气候的响应,如村庄位于两山之间有利于捕捉吹过山谷的风,狭窄的街道网络引导风吹过整个村子等,之后用 Energy Plus 对冬季新野传统民居做了能耗分析,证明当地传统民居具有良好气候。Kim 等人将韩国传统住宅的通风方式应用到现代住宅中进行 CFD 模拟分析,结果表明现代住宅的通风性能有很大改善。

多项研究针对当地的气候、环境特点,对当地建筑的气候适应性进行了具体分析,总结出很多当地气候适应性设计方法,但针对鄂东北地区传统住宅通风性能的研究较少。本文针对鄂东北传统民居捕风性能进行风压通风研究。

2 鄂东北传统通风体系分析

2.1 槽门与弯水

鄂东北民居的主入口有两种:一种开于正对面前的风水塘(图 1),一般面对夏季主导风向;另一种位于内巷侧边,出于对风水的考虑,户门不正对街巷,与街巷呈一定偏角,当地称为"弯水"。其中面对夏季主导风向的也有两种形制。一种是凹进式,较为常见,主要依靠地面、墙壁和屋檐形成半围合的入口,因形似凹槽,所以当地一般称为"槽门"。槽门反映户主的社会地位和社会财富,代表了整个家族的门庭气象。槽门一般会退外墙1.5~4 m,形成一个过渡的灰空间,有广纳四方财气之意。另一种是平开式,平开式槽门直接在外墙上开一个门洞,门洞上方是门头,门头下方还有门楣匾。

2.2 冷巷

冷巷是中国传统民居建筑中一个非常有趣的空间。它不仅连接室外交通,成为室外通风体系的主要风道,更具有加快室内外风速的特殊作用,使冷巷里清爽凉快,因此被称为"冷巷"。

冷巷是建筑之间的狭窄巷道。冷巷的宽度为 1~3 m,通常顺着建筑的进深方向。因为冷巷较为狭窄,受到山墙的遮蔽而获得较少的太阳直射,所

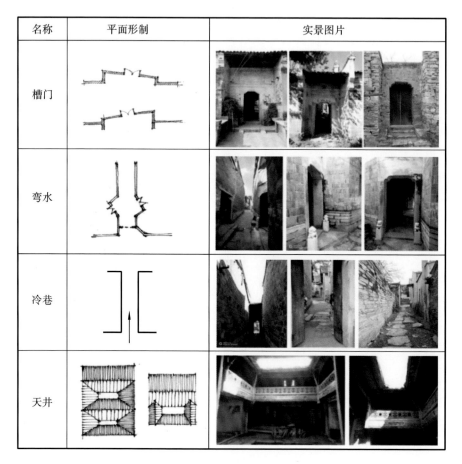

名称	平面形制	实景图片
槽门		
弯水		
冷巷		
天井		

图 1　槽门、弯水、冷巷与天井图示

(作者自绘)

以能保持阴凉。由于冷巷的狭管效应,冷巷内能保持较高风速,同时冷巷也有冷却进入其内部风的功效。一般来说聚落布局要注意平行布置,平行的巷道可创造一种更利于夏季通风降温的布局方式。

2.3　天井

天井不仅在日常生活中能发挥作用,而且在调节室内热环境方面也起着重要的作用。它是中国传统民居中一个重要的自然生态空间。天井在改善室内热环境中起着独特的作用。这些功能包括成为室内外热缓冲空间，具有良好的遮阳效果，成为风压通风上部的进气口，形成热压差，驱动热压通风等。

在雨雪过多的情况下，天井需要挡雨遮阳的设施。在鄂东北地区有种比较巧妙的做法：在天井上再搭建一个小屋顶，这样既保证了通风、换气和采光作用，同时也可挡雨遮阳，叫作"天斗"（图 2）。

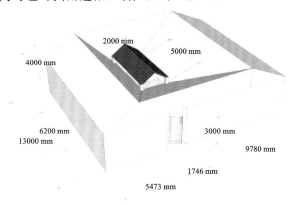

图 2　天斗与模型尺寸

（作者自绘）

3　鄂东北典型通风体系风环境实测研究

3.1　鄂东北实测地点概述

本文选取具有针对性与代表性又方便测量的罗家岗村进行了通风的实测。罗家岗村位于武汉市黄陂区王家河镇（图 3），周围以自然环境为主，三面临山，东接火塔线区级公路。

3.2　测量内容

测量内容主要是罗家岗村罗氏老宅（图 4）的建筑室内外空气温度、风速

图 3 罗家岗村通风体系地点总平面图

（谷歌地图）

和风向。为避免实验误差,在现场测量时,采取对同一点多次测量取平均值的方法。以 30 min 为一个周期,持续记录几个小时的数据,以保证数据的连续性、持续性和稳定性,减少实验误差。

图 4 罗氏老宅鸟瞰图

（作者自摄）

实测选取罗家岗典型通风体系的建筑组团,在冷巷分别设置冷巷前、冷巷中和冷巷后三个典型风速点,分别测量冷巷入口处、弯水入口处和冷巷出口处的风速。同时分别选取前厅、天井、中堂三个室内典型风速点以分析室内风速(图5)。

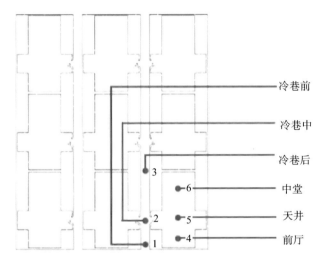

图 5 测点分布图

(作者自绘)

3.3 实测结果综合分析

本次实测选取的测量时间为 2017 年 9 月 7 日至 9 日,因鄂东北地区处于夏热冬冷地区,9 月初正是天气炎热时期,其数据更具有代表性,能真实反映传统民居内的实际情况,为接下来的研究做参考。实测时间为 9:50—18:50,每天的测量过程持续 9 个小时,平均每 30 min 记录一次 1.5 m 高度(人体活动高度)处的风速和风向,实测数据如图6所示。

9:50—18:50 这 9 个小时,上午气温较低,空气热运动缓慢,风速较小,13:00 左右空气热运动加剧,风速达到最大值,下午温度逐渐降低,整体风速也逐渐减小。当天冷巷中平均风速为 0.41 m/s,室内平均风速为0.02 m/s。

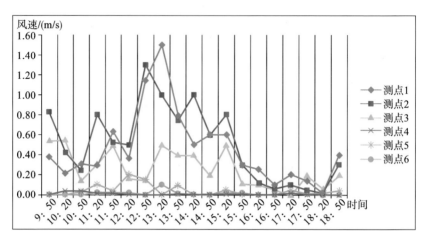

图 6　实测风速变化图

（作者自绘）

1. 室外风速

从图中可见冷巷中的测点 1、2、3 的风速要明显高于建筑室内风速,通过冷巷的狭管效应加速后,风速明显提升。同时由于整个大环境的影响,室外风速远低于室内风速。观察测点 1、2、3 的风速可以发现,在 9:50—11:50 这个时间段内,测点 1、2、3 的数据比较跳跃。笔者认为是因为上午环境温度不高。等到温度上升,空气循环速度加快,室外的风速应有一定的上升。观察 12:20—16:20 的风速情况,发现测点 1、2 处的风速明显上升,和笔者的猜想一致。当环境风速加快,冷巷的狭管效应就体现得比较明显了。由于冷巷的狭管效应,冷巷前、冷巷中处的风速都得到了一定程度的提升,数值为 1～1.6 m/s,通风情况良好。随着时间的推移,15:50 以后,热循环降低,测点 1、2、3 的风速明显降低,数值为 0～0.4 m/s。从室外的这一组数据我们可以得到以下结论:①建筑室外的风速受一天的温度影响明显,当环境温度升高时,热循环加快,风速增加;②在较高风速作用下,冷巷的狭管效应明显,冷巷前、冷巷中的风速提升效应优于冷巷后。

2. 室内风速

观察室内 4、5、6 三个测点的数据可以发现,在 9:50—11:50 这个时间段,由于整个环境风速较小,冷巷中的风速较低,进入建筑室内的风速接近零,测点 1、2、3 的风速都低于 0.2 m/s。然而,随着环境温度的升高,冷巷内的风速慢慢增加,开始有风通过冷巷进入建筑室内,测点 5 的风速最先上升就是例证。测点 5 位于建筑的天井位置,正对着弯水,进入室内的风先吹向天井,然后到达中堂和前厅。当天笔者实测时站在弯水处可明显感觉到吹风感,但由于当天整体风速较低,进入建筑室内的风速也较低。傍晚时,整个环境的风速降低,建筑室内的风速也降下来了。

4　数值模拟检验

4.1　夏季南向来风情况下的风环境

根据课题组现场测绘总平面图,截取罗家岗村典型通风体系区域罗家大院进行模拟分析。简化后模型尺寸如图 7 所示。下面以夏季南风为主导风向进行研究,以观察通风体系在夏季的影响,模拟结果如图 8 所示。

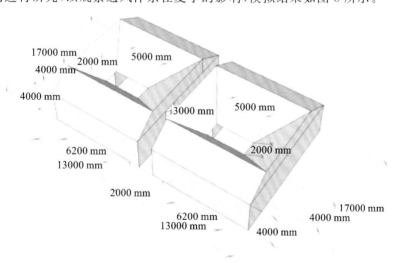

图 7　模型尺寸图

(作者自绘)

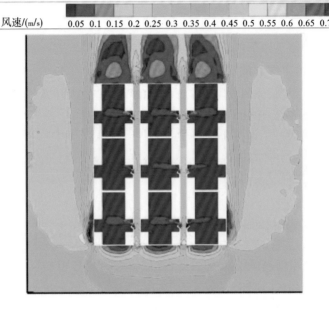

图8 夏季南向来风作用下的整体风速云图

（作者自绘）

4.2 实测结果对比验证

实测当天的平均风速为 0.5 m/s，为了保持来流风速值和风向一致，在本次模拟中也采取了 0.5 m/s 的风速值。现在笔者将各个测点的模拟平均风速和实测风速放在一起进行对比，如图9所示。在整体趋势上，可以看出模拟数据和实测数据基本吻合，冷巷中的测点 1、2、3 模拟风速值逐渐降低，建筑室内测点 4、5、6 的风速值低于室外风速，三者数据趋于平稳。接下来进行各个测点的细部分析。从图中可以看出，测点 1、2 的风速较大，这是因为测点 1、2 分别位于冷巷前、冷巷中。冷巷前、冷巷中由于狭管效应，其风速值会得到一定程度的提高，此时的风速基本与设置的环境风速 0.5 m/s 一致，甚至更高一点。当风进入冷巷后，风速就明显下降，达到 0.25 m/s 左右。同时再观察建筑室内的风速，发现建筑室内模拟风速和实测风速基本吻合，差别不大。测点 4、6 的风速较小,测点 5 位于弯水口处的天井处,故风速大于室内其他测点的风速。

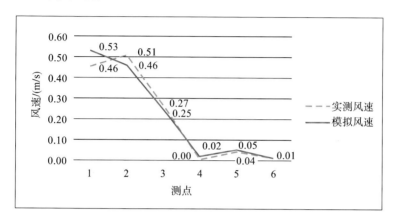

图 9 实测风速与模拟平均风速对比

我们将各个测点的风速列入表格并进行对比(表 1)。

表 1 传统民居室内实测风速与模拟平均风速对比

(作者自制)

实测模拟点位平均风速	实测结果/(m/s)	模拟结果/(m/s)	误差
测点 1	0.46	0.53	−0.07
测点 2	0.51	0.46	0.05
测点 3	0.27	0.25	0.02
测点 4	0.00	0.02	−0.02
测点 5	0.04	0.05	−0.01
测点 6	0.01	0.01	0.00

本文通过实测风速与模拟平均风速相比较得出,大部分模拟平均风速低于实测风速,造成误差的原因之一是数学模型的简化,其二是在测量中仪器有一些误差以及其他一些不确定因素。所以,根据模拟平均风速和实测风速可以得出误差比较小的结论,总体上说模拟方法有效。

5　鄂东北传统住宅单体优化设计

5.1　弯水住宅优化

笔者思考能否通过一些方式使鄂东北传统住宅的通风效果得到进一步提升。在优化设计方案中,笔者在后墙中部位置加上了一扇窗。

1. 模型建立

弯水住宅优化设计模型如图 10 所示。窗宽 0.9 m,高 1.2 m,位于建筑中轴线上,距离地面高度为 1.2 m,略低于人体的活动高度。

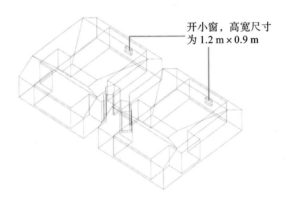

开小窗,高宽尺寸
为 1.2 m×0.9 m

图 10　弯水住宅优化设计模型

(作者自绘)

2. 模拟结果

原方案为工况 1,优化方案为工况 2,如图 11 所示。

由优化设计前后对比图我们可以发现,在工况 2 情况下前厅的通风情况得到了一定程度改善,室内天井的风环境也得到了提高。同时观察建筑中轴的剖面图,以便更好观察室内的通风情况。我们发现,建筑前厅的风环境明显改善,0.4~0.6 m/s 的风速面积比例得到提升。同时,在建筑中堂部分,由于后墙开窗,风通过后墙的窗进入建筑室内,使中堂部分的通风能力得到提升。

1.5 m高剖面风速云图　　　　　　　　建筑中轴剖面

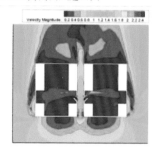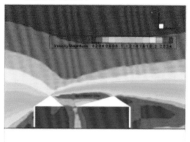

工况1 弯水朝向45°

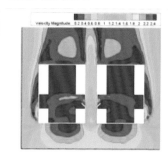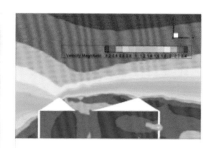

图 11　弯水住宅优化对比图

（作者自绘）

3.数值分析

优化前后弯水住宅各测点风速面积占比见表2。我们可以清楚看到,在进行优化后,前厅的高风速占比有一定程度提升,0.2～0.4 m/s 的风速占比从 5.9％提升至 54.0％,提升十分明显,如图 12 所示。对比工况 1 和工况 2 天井处的风速占比,我们可以发现,天井处 0.2～0.4 m/s 的风速占比相差不大,但0.4～0.6 m/s 的风速占比有一定程度的提升,从 2.3％提升到 9.4％。中堂的风速变化不是太大。这证明后墙开窗的优化设计策略对前厅和天井处的风速影响大,提升效果明显。

表 2　弯水住宅各测点风速面积占比对比

（作者自制）

工况	位置	风速面积占比		
		0～0.2 m/s	0.2～0.4 m/s	0.4～0.6 m/s
工况 1	前厅	94.1%	5.9%	0
	天井	44.0%	53.7%	2.3%
	中堂	93.4%	6.6%	0
工况 2	前厅	46.0%	54.0%	0
	天井	44.4%	46.3%	9.4%
	中堂	98.0%	2.0%	0

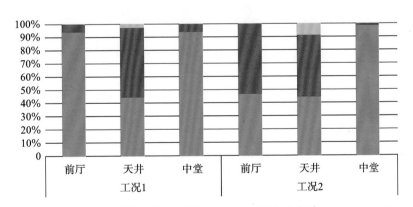

图 12　弯水住宅各测点风速面积占比对比图

（作者自绘）

5.2　槽门住宅优化

1. 模型建立

在优化设计方案中，笔者继续在后墙中部加上了一扇窗，如图 13 所示，窗的尺寸为 1.2 m×0.9 m,位于建筑中轴线上,距离地面高度为 1.2 m,略低于人体的活动高度。原方案为工况 1,优化方案为工况 2。观察槽门住宅优化设计,即后墙开窗对建筑室内通风情况的影响。

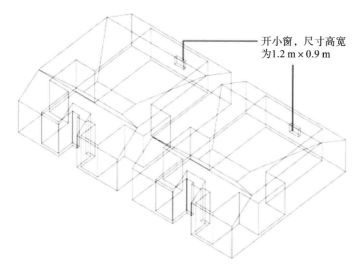

开小窗,尺寸高宽
为 1.2 m×0.9 m

图 13　槽门住宅优化设计模型

(作者自绘)

2. 模拟结果

槽门的整体通风情况优于弯水住宅的通风情况。槽门住宅优化对比如图 14 所示。我们可以发现,工况 1 和工况 2 都具有较良好的通风情况。区别是在工况 2 中,风可以深入建筑室内,达到建筑中堂。观察建筑中轴剖面,发现建筑室内的前、中、后部都具有良好的通风效果,后墙开窗起到了十分明显的通风作用,中堂处的风速大大提升。

3. 数值分析

优化前后各测点的风速面积占比见表 3。对比两种工况发现,在前厅,0.8 m/s 以上的风速面积占比得到一定程度的增加,从 8.9% 提高到 13.9%。在天井处,风速增大不太明显,两种工况下相差不大。观察建筑中堂处的风速,如图 15 所示,中堂处 0.4~0.8 m/s 的风速面积占比大幅上升,从 14.4% 上升到 45.6%。

1.5 m 高剖面风速云图   建筑中轴剖面

 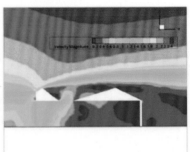

工况1 槽门2.4 m×2.4 m

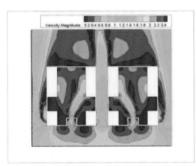 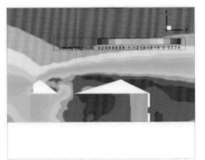

工况2 后墙开窗

图 14　槽门住宅优化对比图

（作者自绘）

表 3　槽门住宅各点风速面积占比对比

（作者自制）

工况	位置	风速面积占比		
		0～0.4 m/s	0.4～0.8 m/s	0.8 m/s 以上
工况 1	前厅	87.5%	3.6%	8.9%
	天井	74.0%	12.5%	13.5%
	中堂	85.6%	14.4%	0

续表

工况	位置	风速面积占比		
		0～0.4 m/s	0.4～0.8 m/s	0.8 m/s 以上
工况 2	前厅	78.3%	7.8%	13.9%
	天井	75.0%	15.8%	9.2%
	中堂	54.4%	45.6%	0

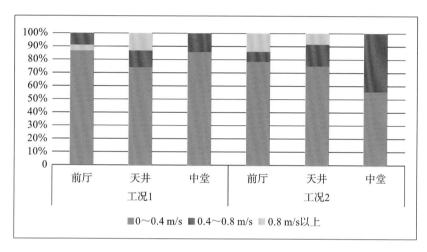

图 15　槽门住宅各测点风速面积占比对比图

(作者自绘)

6　总　　结

本文以鄂东北地区罗家岗村为研究对象,采取实测与模拟相结合的方式研究其通风性能,同时针对弯水住宅与槽门住宅提出在其中堂处开窗以优化室内通风,并进行研究,得出以下结论。

(1)建筑室外的风速明显受一天的温度影响,当环境温度升高时,热循环加快,风速增加。

(2)在较高风速作用下,冷巷的狭管效应明显,冷巷前和冷巷中的风速提升效应优于冷巷后。

（3）后墙开窗的优化设计，明显提升了建筑前厅、天井和中堂的高风速面积占比，这说明运用数值模拟来分析传统建筑的优化设计是非常有效的。此实验也给我们以启发，利用一些被动式设计方法与设计经验，只需一些微小的改变，就能产生巨大的功效，这对我们以后的建筑优化设计有重要的指导意义。

（4）在槽门住宅的后墙上开一个小窗，会影响前厅的风速，风速在一定程度上增大。相比之下，开窗对天井处的风速影响较小。在进行优化设计后，中堂处的风速面积占比大幅提升，效果明显。

参考文献

[1] 曾志辉,陆琦.天井对岭南现代低层住宅的热环境意义[J].建筑学报,2010(3):27-29.

[2] 陈杰锋.潮汕传统村落街巷与民居空间系统的自然通风组织研究[D].广州:华南理工大学,2014.

[3] 石峰.西北民居室内自然通风研究——以陕南山地民居为例[D].西安:西安建筑科技大学,2010.

[4] 林晨.自然通风条件下传统民居室内外风环境研究[D].西安:西安建筑科技大学,2006.

[5] 梅森.江南民居自然通风强化技术经验挖掘及 CFD 验证[D].西安:西安建筑科技大学,2013.

[6] 李欣蔚.渝东南土家族传统民居的夏季自然通风技术研究[D].重庆:重庆大学,2016.

[7] 张银松.基于数值模拟的珠海斗门镇传统聚落风热环境研究[D].哈尔滨:哈尔滨工业大学,2015.

[8] KOBAYASHI T,CHIKAMOTO T,OSADA K. Evaluation of ventilation performance of monitor roof in residential area based on simplified estimation and CFD analysis[J]. Building and Environment,2013,63:20-30.

[9] DILI A S,NASEER M A,VARGHESE T Z. Passive environment

control system of Kerala vernacular residential architecture for a comfortable indoor environment：A qualitative and quantitative analyses[J]. Energy and Buildings，2010，42(6)：917-927.

[10] JOHANSSON E. Influence of urban geometry on outdoor thermal comfort in a hot dry climate：A study in Fez，Morocco[J]. Building and Environment，2006，41(10)：1326-1338.

[11] INDRAGANTI M. Understanding the climate sensitive architecture of Marikal，a village in Telangana region in Andhra Pradesh，India [J]. Building and Environment，2010，45(12)：2709-2722.

[12] GOU S Q，Li Z R，ZHAO Q，et al. Climate responsive strategies of traditional dwellings located in an ancient village in hot summer and cold winter region of China[J]. Building and Environment，2015，86：151-165.

[13] KIM T J，PARK J S. Natural ventilation with traditional Korean opening in contemporary house [J]. Building and Environment，2010，45(1)：51-57.

[14] 陈晓扬，仲德崑.冷巷的被动降温原理及其启示[J].新建筑，2011(3)：88-91.

[15] 江岚.鄂东南乡土建筑气候适应性研究[D].武汉：华中科技大学，2004.

[16] 陈晓扬，郑彬，傅秀章.民居中冷巷降温的实测分析[J].建筑学报，2013(2)：82-85.

[17] 贾佳一.粤东潮汕地区农村住宅自然通风研究[D].广州：华南理工大学，2012.

[18] 缪佳伟.重庆地区传统民居通风优化策略研究[D].重庆：重庆大学，2014.

[19] 陈帆，李妍.典型高层住区杭州港湾家园室外风环境模拟分析[J].建筑与文化，2015(3)：157-159.

小 镇 优 势^①

1　小，是自然生存的法则

看看生物的进化史，体形大并不代表有生存优势，小（或适中）可能更有优势。体形大的个体，占用自然资源更多，所以数量有限，而且体形大的个体往往是食草动物，而不是肉食动物，以有效减少对自然资源的消耗。一旦食物缺乏，大型动物的生存能力就会受到严峻考验。蓝鲸体形巨大，但是它生活在海里。相比陆地，海洋面积要大很多。人和恐龙相比，体形小很多，但是更有智慧。和其他动物相比，人的速度和力量都没有优势，攻击力不如肉食动物，智慧和群体协作能力是人类能够统治地球的原因。

如果仔细考察这种生存法则，不难发现，在体形庞大的个体形成的群体中，个体数量都只能维持在一个较小的数量范围之内，而微小的生物可以形成数量巨大的种群。在自然界中，种群的规模都有一定的数量限制，以适应自然条件和自然环境的承受能力。蜂群的数量达到一定规模就会"分家"。所有的动物都会这样，小到蚁群，大到象群，数量超过一定的规模，其中的一些动物就会迁移，去寻找新资源。这些精确的设计都是为了使物种能够适应自然条件。

如果我们把城市当作生命体考虑，那么它也应该符合这样的生存法则。规模巨大的城市，数量有限，而规模较小的城市个体，数量可以很多。适应自然环境和资源条件，是小城集群的最大优势。

当人类开始用人工方式提供水、燃气、电力等时，城市规模似乎不再像过去的村落那样，受到水源距离、农田数量的限制，城市开始扩张。而发达

---

① 本文成稿时间：2016 年 12 月。

国家对城市的规模仍然有理性的控制。事实上,在中国古代也一样:城市会被限制在山水格局控制的范围之内,以自然山水条件作为发展扩张的依据。最典型的例子是温州城,温州城保留了七座山,这七座山按照北斗七星来布局整个城市的格局。但是如今城市快速发展,这些规则却未被合理利用,每个城市的规划都希望城市规模越大越好,甚至顾不上自然地理条件的限制,也顾不上 18 亿亩耕地红线的限制。

2　小,是网络时代的智慧

互联网预言家凯文·凯利在他的经典著作《失控:机器、社会与经济的新生物学》中,对大型机器人和小型机器人做了一个有趣的对比。卡耐基-梅隆发明的庞然大物"漫步者",原本的研发目的是用于火星考察,通过一个中控电脑连线控制,它要在头脑中创建出环境的轮廓图为自己导航,每走一步都要更新一次轮廓图,所以行动迟缓,速度远远比不上一只小蚂蚁。因为它块头太大,无论如何去不了火星,只有蚂蚁那么小的机器人才有希望。麻省理工学院罗德尼·布鲁克斯设想用蚂蚁式移动机器人作为解决方案。蚂蚁式移动机器人有简单的行动能力,可实现自治,允许自由行动。让它们协同完成任务,有些会死掉,大多数会继续工作,并最终做出一些成绩。他的建议如今已经演化为国家宇航局的正式项目。简单小型的、协作自治的蚂蚁式移动机器人群体,胜过了笨重的高智能的大型机器人。

凯文·凯利也指出,网络是 21 世纪的图标。可以理解为,小型而互联协作的个体是 21 世纪的图标,在未来更具有竞争优势。对机器人来说是如此,对城市来说也是如此。规模较小的城市如果能够群体协作、智慧运营,小城市群的控制力和竞争力有可能超过巨型城市。

如果环境优美的小城市有更多的工作机会,未来我们就不必在一个效率低下、污染严重的大城市中工作。

3 小,是城乡的可持续发展方式

参照发达国家的城市格局,在美国、欧洲的多数发达国家中,主要人口并非分布在大城市,而是在小城市里。以德国为例,德国面积 35.7 万平方千米,共 16 个联邦州,8000 万人口,属欧洲人口较稠密的国家,但拥有百万人口以上的大城市只有 4 个,50 万人以上的城市也不超过 10 个。在德国全国人口中,仅有不到 1/3 的居民生活在 10 万人以上的城市里,而 70% 的居民生活在 2000~100000 人的小城镇里(图 1)。现在,越来越多的中产阶级住在大城市郊外的小城镇。小城镇一般距大中城市半小时至 1 小时的车程,城市面积一般为 50 公顷,人口为 3000 人左右。

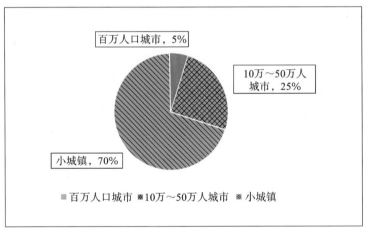

百万人口城市,5%

10万~50万人城市,25%

小城镇,70%

■ 百万人口城市 ▨ 10万~50万人城市 ▨ 小城镇

图 1 德国城市人口分布情况

德国这种人口分布特点既得益于中小型城市完善的基础设施,又与德国完善的法制体系密切相关。方便的交通网络和发达的汽车产业令德国人的活动半径大大增加。德国小城镇的基础设施条件与大都市相比差异很小,医院、学校、商场等一应俱全,而且自然环境优美,甚至具有大城市无法比拟的优越性。黑尔德克与该郡内的其他 8 个城市构成人口从 1 万到 10 万不等的小城镇群,形成网络集群,突破行政界线,促进经济协同发展,职能分工明确。

美国 300 万人以上的城市只有 13 个,占 1%;20 万~300 万人的城市有

78 个，占 6%；10 万～20 万人的城市有 131 个，占 10%，而 3 万～10 万人的城市有 1100 个，大约占城市总数的 83%（图 2）。20 世纪 60 年代，美国实行了"示范城市"试验计划，实质就是分流大城市人口，大力发展小城镇。在 20 世纪 70 年代，美国 10 万人以下的城镇人口从 7700 多万增长到 9600 万，增长了 25% 左右。目前，80% 以上的美国城市人口分布在中小城市。近 30 年发展起来的大都会、城市圈或城市带，不是我们想象中的大城市的无限扩张，而是大批小城镇的集合。

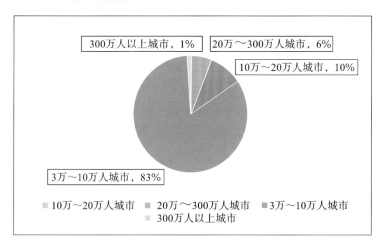

图 2   美国城市人口分布情况

4   小，是对大的重新考量

当代的大城市已经远远超过了自然资源的负荷能力。李彦卿指出，按照城市的建制规模和所必需的基础设施配置投资来计算，城市的人口在 4 万人左右，其建设效率最高、相对投资最少。人口规模与基础设施建设息息相关。从供水、供暖、供电、供气四项公共设施的人均投资来看，当人口分别达到 2000、5000、10000、20000、30000、40000、50000、60000 时，人均投资分别为 27670 元、13834 元、7852 元、4614 元、3532.1 元、3164.5 元、3686 元、3519元，基本是随着人口规模的增加呈下降趋势。2000 人时人均投资最大，为 27670 元，3 万人以后大体在 4000 元以下（表 1）。

表 1　人口规模与基础设施建设

（小城镇人口规模研究）

人口	供水		供暖			供电			供气		
	规模/（万吨/年）	投资/万元	人均投资/元	规模/吨	设备厂房投资/万元	设备厂房人均投资/元	规模/kVA	投资/万元	人均投入/元	规模/平方米	投资/万元	人均投资/元
2000	19	130	650	6	170	850	24496	4574	22870	2500	660	3300
5000	47	130	260	12	270	540	34994	5717	11434	2500	800	1600
10000	95	130	130	18	410	410	43743	6352	6352	5000	960	960
20000	190	260	130	30	500	250	48604	7058	3529	5000	1410	705
30000	285	260	86.1	60	735	245	54004	7843	2614	7500	1760	587
40000	380	390	97.5	100	1400	350	60005	8560	2140	10000	2310	577
50000	475	3000	600	130	2010	402	74055	10700	2140	10000	2720	544
60000	570	3000	500	160	2550	425	88975	12846	2141	1000	2720	453

項目

一个地方只有经济上摆脱了房地产一家独大的畸形结构,才有可能追求更加理性的发展方式,寻求生态保护,提升环境质量,升级产业。小型智慧互联的城市群,在未来城市中既具有环境优势,也具有竞争优势,应成为城乡发展所追求的目标,这是新型城镇化的一个重要方向。

参考文献

［1］ 凯利.失控:机器、社会与经济的新生物学［M］.北京:新星出版社,1994.

［2］ 李彦卿.小城镇人口规模研究［D］.天津:天津大学,2004.

［3］ 万博,张兴国.和谐之城:德国小城镇建设经验与启示［J］.小城镇建设,2010(11):89-95.

［4］ 张洁,郭小锋.德国特色小城镇多样化发展模式初探——以 Neu-Isenburg、Herdecke、Überlingen 为例［J］.国际视野,2016(6):97-100.

［5］ 陈继宁.美国发展小城镇对我国的启示［J］.经济体制改革,2005(3):144-146.

室外晾晒装置研究[①]

武汉夏天湿热、冬天湿冷,尤其梅雨季节,气候潮湿,室内晾衣很不容易干。相比之下,室外晾晒不仅效率高,同时紫外线还能实现杀菌等功效,因此室外晾晒便成了一种富有特色的地域传统。然而,大量缺乏规范与控制的室外晾晒行为不利于武汉城市市容市貌的建设,故许多居住区严令禁止室外晾晒。那么该如何实现既高效又美观的室外晾晒呢?

项目围绕室外晾晒这一主题,对传统自然晾晒装置进行创新。通过对晾晒装置的遮挡方式、晾晒模式的优化组合,依据材料的特点进行材料改良和结构优化,从美观与高效的角度出发,通过系列设计与模拟,找到更适合湿冷湿热地区城市气候、更满足市容要求、更高效的晾晒装置设计方案。

1 调 研 分 析

武汉现在仍有以晾衣竿进行晾晒的方式,材质多为竹制,有的居民会用刷漆等方式延长晾衣竿的寿命。我们希望用更加轻便、耐用的材料(如铝条、亚克力)来代替,同时满足美观性的需求。

现在市面上出售的晾衣装置按安装位置大致可以分为置地、置顶、沿墙三种类型,具体如下。

(1)置地类晾衣装置。

此类晾衣装置造型多样,用户根据室内空间和衣物数量、类型来选择类型(图1)。晾衣装置价格为30~140元,取决于装置规格、材料及商品品牌。置地类晾衣装置便于移动,基本用于室内晾衣。置于无人看管的室外可能有被盗风险。

---

① 本设计完成时间:2018年5月。小组成员为曹宇锦、陈胤徽、米宇、辛宇、余苗苗,刘小虎指导。

156

图 1 置地类晾衣装置

（2）置顶类晾衣装置。

此类晾衣装置主要由杆件和固定装置组成，用户根据晾衣数量选择不同的长度。一般安装在阳台的天花板或飘窗顶部，有固定式、电动升降式、电动升降风干杀菌照明式，价格从几十元到上千元不等（图2）。

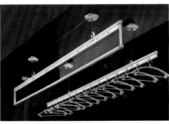

      固定式   电动升降式   电动升降风干杀菌照明式

图 2 置顶类晾衣装置

（3）沿墙类晾衣装置。

此类晾衣装置由用户决定用于室内还是室外。用户选择合适规格的晾衣装置，价格从几十到几百元不等。固定式及可移动折叠式一般用来晾晒少量衣物，固定推拉式规格较大，可晾晒更多衣物（图3）。由于此类晾衣装置可推拉，其衣物间距更大，更有利于衣物晾干。本项目主要针对这种产品进行改良。

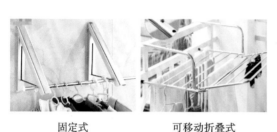

固定式　　　　　　可移动折叠式　　　　　　固定推拉式

图 3　沿墙类晾衣装置

2　晾衣方式比较

晾衣的方式主要有室内晾衣、室外晾衣和烘干机烘干。三种方式各有其优缺点。

晾衣效率:烘干机烘干＞室外晾衣＞室内晾衣。

能源消耗:烘干机烘干＞室外晾衣＝室内晾衣。

占用空间:室外晾衣＞室内晾衣＞烘干机烘干。

室外晾衣是目前国内最常见的晾衣形式,不会占用室内空间,晾晒效果好,紫外线有杀菌效果。但是受天气影响大,空气质量不好、烟尘多的地方也不适于晾晒,过于强烈的阳光也可能导致衣服褪色。缺点是影响外部环境美观。

室内晾衣的效率没有室外晾衣高,有不少弊端。首先,室内晾衣会导致室内湿度增加,产生真菌及病毒;其次,室内晾衣会让墙体、地板受潮,衣服没有受到充足的阳光照射也容易发霉。

烘干机比较节省时间,而且省去了等待晾干的时间,不受天气影响。高温也有一定的杀菌作用。但烘干机价格并不便宜,且费电,不利于节能环保。

综上所述,对室外晾衣加以改良,是最节能环保的生活方式。

3 设计推演

目前,晾晒装置多侧重于晾晒效率和晾晒便捷性两方面,但对晾晒这一行为的城市风貌意义,即美观问题,则没有做讨论,所以我们以此入手,结合晾晒效率、便捷性三方面来展开设计。

根据资料解析,我们进一步整理了项目研究路径。

(1)基于市场现有的晾晒装置(如折叠晾衣架)进行改造提升和研究,尽量不增加产品的生产流程和成本,便于产品的持续开发和标准化生产。

(2)利用一些轻质的材料(如铝条、亚克力等)制成遮挡装置,例如格栅、布幔来营造统一的新"建筑立面"。将杂乱的衣物遮挡起来,改变外观(图4、图5)。

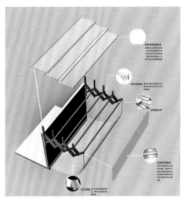

图4 实物模型照片 图5 电脑模型示意

1. 减小对楼下的日照影响

为了避免遮挡楼下日照,晾晒装置应折叠设计。目前市面上常用的折叠晾衣架可以作为设计原型。

由武汉气象资料可知,夏至日太阳高度角为 $83°$,冬至日太阳高度角为 $36°$,晾晒装置对夏至日的日照遮挡最为严重。经过估算:当装置长为 1 m 时,推测出 $\angle A = 30°$,即此时日照折减大约为 3.8 h;而当装置长为 1.5 m

时，推测出∠A＝45°，即此时日照折减大约为 6.4 h；而当装置长为 2 m 时，推测出∠A＝52°，即此时日照折减大约为 8.7 h（图 6、图 7）。可以看出装置的存在对楼下住户的日常采光和日照需求造成了极大的干扰，所以必须考虑设置可折叠的装置形式。初步确定了装置的形式，即轻质垂板（依靠链条串联）和轻质反射膜相结合。

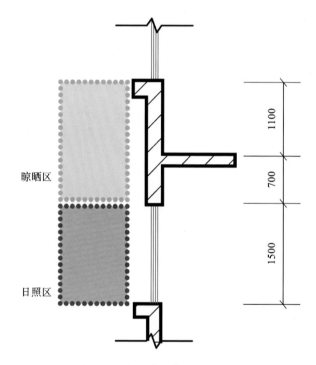

图 6　阳台区域示意（单位：mm）

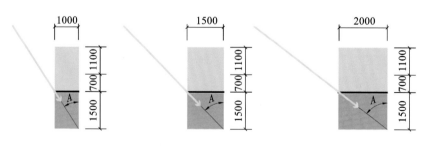

图 7　阳台区域简算（单位：mm）

而基于上述估算,我们大致确定了三种装置形式(图 8)。

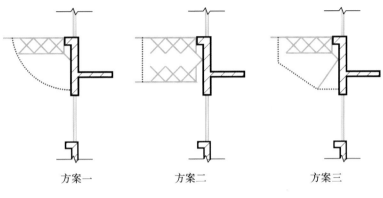

方案一　方案二　方案三

图 8　三种装置形式

方案一:使用软质材料,灵活性强,适用于可变性操作,但立面形状较难控制,且易积雨水。

方案二:更加规整且施工最为方便,但对日照影响极大,不予考虑。

方案三:兼具方案一和方案二两种类型特点,采用软质材料和板型材料相结合的方式,发展潜力最大,但内部构造相对复杂,产品生产和操作难度加大。

因此采用方案一作为深化的对象。

2.提高视觉遮挡能力

装置的视觉遮挡效果主要从遮挡的百叶叶片入手,确定视线和叶片尺寸、角度之间的关系。考虑到百叶遮帘本身的属性,为了能够提高遮挡效果,百叶叶片应该尽可能上扬,可最大限度实现遮挡。

具体计算时,选取了普通住宅建筑的二楼阳台作为研究样本,此时视线仰角最小,上扬百叶遮挡能力最弱,以此为限值计算,从而保证计算角度适用于二楼及以上楼层。

如图 9 所示,假定二楼窗台距地高度为 4030 mm,晾晒空间(图中红色区域)高度为 900 mm,观察点距楼栋净距为 L(实际距离减去晾晒空间宽度1000 mm),视点高度 1600 mm,根据三角函数,则可得到关于此时视线仰角

161

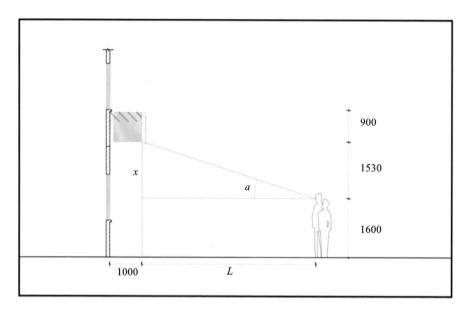

图 9　视线遮挡示意图(单位 : mm)

的特征值:

$$\cos a = \frac{L}{\sqrt{L^2 + x^2}}, \quad x = 1530 \text{ mm}$$

即
$$a = \text{acr} \cos\left(\frac{L}{\sqrt{L^2 + x^2}}\right)$$

　　具体到百叶叶片,假定单片百叶宽度为 $2S$,百叶间距为 $2H$,由于常见百叶的尺寸上,$2S \geqslant 2H$,则根据平面几何知识可知,百叶的遮挡效果与百叶尺寸无关,即百叶的遮挡效果只由百叶旋转角度决定。故根据三角函数,则可得到关于此时百叶角度的特征值:

$$\sin b = \cos a, \quad \frac{S}{\sin b} = \frac{H}{\sin c}$$

即
$$c = \text{acr} \sin\left(\frac{\cos a \cdot H}{S}\right) = \text{acr} \sin\left(\frac{H}{S} \cdot \frac{L}{\sqrt{L^2 + X^2}}\right)$$

　　如图 10 所示,我们选取的百叶尺寸宽度为 $2S = 25$ mm,间距 $2H = 20$ mm,而选取的观测点距楼栋净距 $L = 5000$ mm(已减去晾晒空间宽度

162

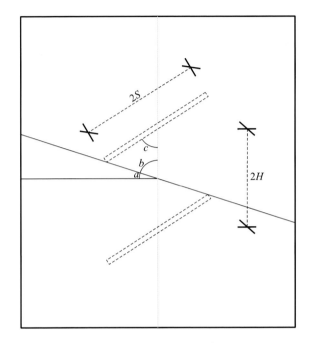

图 10　装置热量传递示意图

1000 mm），所以计算得到此时百叶特征角度∠c＝58°，相对水平角度，其旋转角度则为－32°（负号表示向下偏转）。

综上所述，当百叶旋转角度大于－32°（负号表示向下偏转）时，即可实现视线完全遮挡。

3. 防止楼上滴水

室外晾晒的衣服很容易往下滴水。小区内楼上滴水，经常导致楼上楼下邻里关系紧张。因此我们考虑在装置最下方增加一片柔性挡水薄膜，把衣物滴下来的水导向两侧排出。

4. 提高晾晒效率

百叶遮挡虽有效地解决了立面统一的问题，但可能出现晾晒效率低下的问题，可以考虑借助调整百叶角度以及挡水薄膜的反射角度，提高晾晒效率（图 11）。

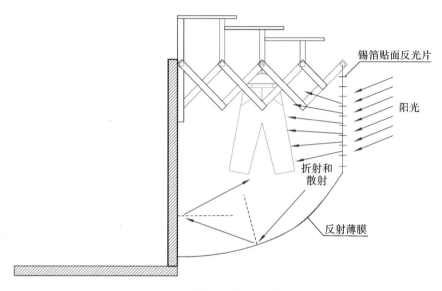

图 11　装置加遮挡立面效果

影响液体蒸发速度的因素有液体的温度、液体的表面积和液体表面的空气对流速度。我们以此入手来分析提高晾晒效率的方法。

（1）通过反射来提高温度。

对于遮挡装置的垂板部分，我们尝试使用弧形截面的反射板和反射薄膜，借助其对阳光的反射和聚焦来实现热量的快速聚集，从而提高该区域空气和衣物的温度。

（2）进一步提高对流速度。

热量的聚集会造成小区域内空气温度差，从而在热压的作用下提高空气对流效果，冷空气从装置下部和两侧灌入，热空气从上部逸散并带走大量的水蒸气（图 12）。这两个过程相互影响，提高晾晒的效率。

5.针对下雨增加水平挡板

除却基于立面统一而进行的设计改造，我们还向其中加入了一些便捷使用元素。例如针对下雨的情况，我们加入了透明遮雨板的设计，便于使用（图 13、图 14）。

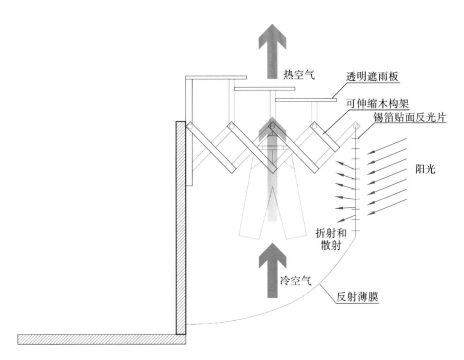

图 12 装置热量传递示意图

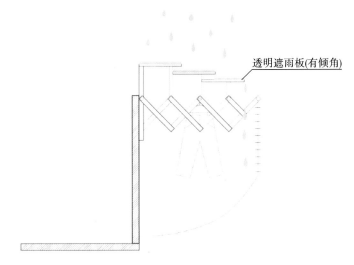

图 13 加遮雨板示意图

图 14　加挡雨帘示意图

4　电脑模拟计算

根据以上设计策略进行模拟计算,以初步论证产品的工作效果。考虑到实际操作和模型精度问题,我们将设计模型简化,保留特征要素,包括形体、材料特性、百叶翻转角度等,而后通过 Grasshopper 及其插件 Geco,配合 Ecotect 进行模拟计算,具体过程如下。

(1)简化计算模型。

把装置简化为长方体,在 Rhino 中建立模型,并设置百叶角度翻转机制,而后通过 Geco 将其导入 Ecotect 中进行细化设置和计算(图 15、图 16)。

(2)细化模型设置。

导入 Ecotect 后,针对防水顶棚(防水雨帘)、可反射百叶叶片、模型两侧空气墙、底部反射薄膜设置材料属性。

(3)计算结果。

针对百叶角度,从 90°到 −80°(相对水平状态),在 Ecotect 内逐一计算装置内日照时长,以找到最为合适的翻转角度,具体数据见表 1。

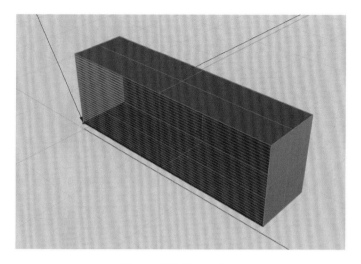

图 15　简化模型示意图

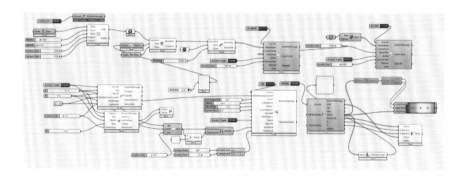

图 16　百叶翻转机制和 Geco 电池示意图

表 1　装置内日照时长

百叶角度/(°)	冬至日有效日照时长/h	夏至日有效日照时长/h	平均值/h
−80.00	2.24	5.42	3.83
−70.00	3.54	4.84	4.19
−60.00	4.71	4.79	4.75
−50.00	5.59	4.79	5.19
−48.00	6.14	4.79	5.47

续表

百叶角度/(°)	冬至日有效日照时长/h	夏至日有效日照时长/h	平均值/h
−46.00	6.25	4.63	5.44
−44.00	6.40	4.63	5.52
−42.00	6.57	4.63	5.60
−40.00	6.48	4.63	5.56
−38.00	6.39	4.63	5.51
−36.00	6.27	4.54	5.41
−34.00	6.14	4.54	5.34
−32.00	6.08	4.54	5.31
−30.00	5.97	4.54	5.26
−20.00	5.45	4.54	5.00
−10.00	4.96	4.54	4.75
0.00	4.50	4.54	4.52
10.00	3.58	4.38	3.98
20.00	2.59	4.38	3.49
30.00	2.00	4.38	3.19
40.00	1.49	4.54	3.02
50.00	1.26	4.54	2.90
60.00	1.32	4.54	2.93
70.00	1.60	4.79	3.20
80.00	2.13	4.79	3.46
90.00	2.88	5.08	3.98

　　根据数据总结,百叶角度主要影响冬季的日照情况,夏季日照几乎不受影响,观察冬季、夏季平均日照时长,当百叶叶片处于−42°(负号表示向下偏转)时具有最长的全天有效日照时长,同时也大于视线遮挡特征角−32°,所以最终选取−42°作为百叶角度。

计算结果显示,增加装置后,在单一百叶角度下,太阳辐射(间接表明区域内温度)稍有削弱,而在区域内风速显著提高,这在一定程度上表明晾晒效率稍有提高(图 17、图 18)。

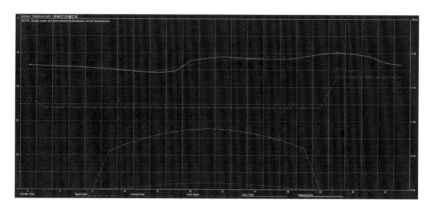

图 17   无装置时的逐时热环境参数曲线

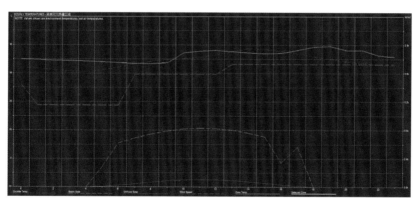

图 18   有装置时的逐时热环境参数曲线

5   实 证 实 验

1. 实物装配

在做实验前,我们采用了市面上常见的几种材料来保证装置的易获取性,主要采用了四种材料:雨水遮罩用的是透明无孔卷帘,宽 100 cm,默认拉伸 1.6 m;主体结构采用常见的 1 m 四杆的晾衣架;遮挡以及反射材料采用的是 1 m² 的百叶,可调节铝轨;最下方防止往下滴水的材料采用防水、颜色淡雅的布料,规格是 100 cm×160 cm(图 19)。

图 19　材料示意图

装配过程如下。

第一步:将晾衣架主体结构进行组装,并固定在 1.8 m 的高度上(图 20)。

第二步:将上方的挡雨板固定在晾衣架上,将挂钩挂在晾衣架的最外侧,保证晾衣架伸出去的同时可以将挡雨板拉出,达到遮雨的目的(图 21)。

图 20　固定晾衣架

图 21　固定挡雨板

第三步：将百叶固定在最外侧的晾衣竿上，遮挡内部衣物(图 22)。

第四步：把防水布挂在百叶下方，另一端连接到墙面，使其自然下垂，起到遮挡视线和防止水滴落到楼下的作用(图 23)。

图 22　将百叶固定在最外侧的晾衣竿上　　　图 23　把防水布挂在百叶下方

可以看出，装置基本达到了预想的效果，在满足晾晒要求的情况下，起到了一定的遮挡作用，解决了滴水以及遮雨的问题，整体看起来也满足轻质、美观的要求。

2.视线分析

主要考虑到重要的视线遮挡问题，我们在具体实验中进行了观察，站在大约 5 m 远的位置，将百叶分别调整为 0°、-30°、-45°、-60°、-90°的角度，进行比对，分别如图 24 至图 28 所示。

图 24　将百叶角度调整为 0°

图 25　将百叶角度调整为—30°

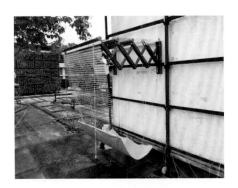

图 26　将百叶角度调整为—45°

图 27　将百叶角度调整为—60°

图 28　将百叶角度调整为—90°

172

3. 实证实验小结

由于高度有限,我们的实验相当于在一楼的阳台平视,通过对比可以发现当角度从－45°开始,内部的衣物和晾衣架已经开始变得模糊,可以起到遮挡视线的作用。当角度逐渐增大,遮挡部分会逐渐增加,直至角度为－90°时完全遮挡。

平视的角度不仅发生在人们看一楼的阳台时,更多情况下可能是从对面的楼房看向窗台,我们站在 5 m 远的位置,已看不清衣物。如果是从对面的楼房看向窗台,距离至少20 m,视线会更加模糊,起到了遮挡效果。

从高度上来看,现在相当于一楼的高度,依次类推,二楼、三楼高度依次增加,人的视线呈一定角度,并在逐步增加,遮挡部分也会增加,可以满足设计需求。

通过以上分析可以看出,从－45°开始,衣物和晾衣架在平视的情况下已经看不清,可以满足遮挡混乱衣物、改善城市立面的效果,同时这个角度也满足之前计算的太阳光入射的角度,不会影响晾晒效率。因此证明了这个角度的合理性。

6　实验过程及结果分析

1. 晾晒效率实验

根据电脑模拟可知,当百叶叶片的角度为－42°时,装置内的有效日照时长最长,现需通过实验证明在叶片的最佳角度为－42°时,衣服的晾晒效率最高(图29)。采取对比实验法,实验步骤如下。

(1)在同一高度和位置,悬挂两块白色方巾,其中方巾 A 放置在晾晒装置中,方巾 B 放在同一高度的晾晒装置外。方巾干透时使用弹簧测力计(图30)测得方巾的质量是 17 g。(采用弹簧测力计可更精准地测量方巾的质量。)

(2)把两块方巾同时浸入水中,浸满水后称重,控制两块浸满水的方巾质量为 50 g 左右,误差不超过 0.5 g。

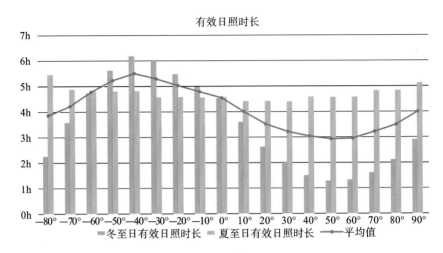

图 29　有效日照时长示意图

（3）把方巾 A 和方巾 B 悬挂在图 31 所示的位置，在正午时分开始试验，实验时两块方巾的干湿状态如图 32 所示。每隔 15 min 读取一次数据，作为横坐标的一栏，取 150 min 为总实验时长。分别读取两块方巾的质量，记录如图 33 所示。反复实验 3 次，以减少误差，均得到相似数据。

图 30　弹簧测力计　　　　　　**图 31　实验时两块方巾的位置**

图 32 实验时两块方巾的干湿状态

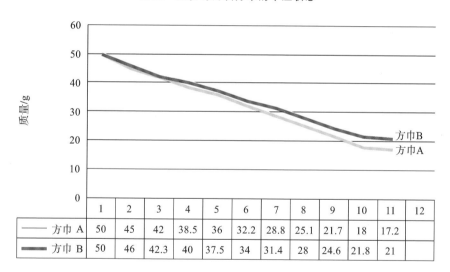

	1	2	3	4	5	6	7	8	9	10	11	12
方巾 A	50	45	42	38.5	36	32.2	28.8	25.1	21.7	18	17.2	
方巾 B	50	46	42.3	40	37.5	34	31.4	28	24.6	21.8	21	

图 33 实验方巾重量逐时变化

分析数据可知,放在晾晒装置中的方巾 A(图中的蓝色线条)在相同时间内减轻的质量略大于直接曝晒的方巾 B(图中的红色线条),即方巾 A 晾干的速度略快于方巾 B。

由实验数据可看出,当百叶叶片在最佳角度－42°时,衣服的晾晒效率没有受到影响,反而略有提高。

2.进一步优化的可能性

(1)百叶叶面通过反射阳光可以增加照射量,提高晾晒效率。将来,通过在百叶叶面贴上锡箔贴面反光片,在下面的布幔上贴上反射薄膜,可以进一步提升晾晒效率。

(2)由于热量的聚集,晾晒装置的小区域内气温升高,与装置外的温度产生微小差异,从而在热压的作用下加速空气对流,冷空气从装置两侧灌入,热空气从上部和百叶逸散并带走大量的水蒸气。这个过程可提高晾晒的效率。

7　项目创新及特色

此次创新产品为用于湿冷湿热气候的室外晾晒装置,项目特色如下。

①结合居民日常活动。

②考虑城市立面美观、街道环境整治。

③从小装置着手进行改善优化。

④优化装置的外观,使之更美观。

⑤增加了晾晒空间的遮挡体系。

⑥可快速拼装。

⑦用模拟分析得出了相关数据,更科学。

⑧做实验进行比较分析。

⑨对绿色、节能方面进行了考虑。

8　问题与建议

1.实验过程

(1)未选择真实用户家庭进行实验。

(2)涉及多项参数对比分析,未科学、准确地测量对比数据。

2.产品优化

(1)透明雨水遮罩与连接处的构造有待改善。

（2）内部反射材料应当考虑防止雨水过多汇集。

（3）反射材料、折射材料的具体热工性能尚未明确。

（4）总质量还可减轻。

（5）考虑其推广性，造价还应降低。

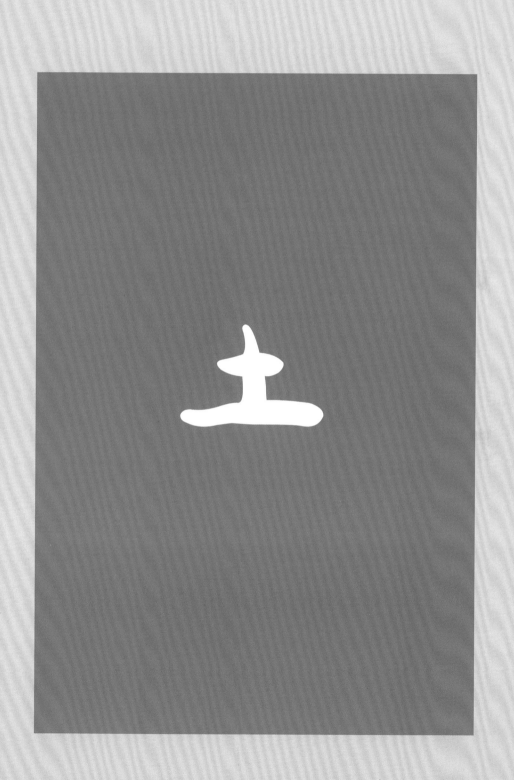

竹架、土袋、草顶——千元土材料临时安置房建造实验^①

在灾后重建中，临时安置房是对板房和帐篷的补充。采用灾区当地材料，如竹子、泥土、麦草进行建造，造价低，同时减少了材料运输环节，可行性高；屋顶及墙体具有较好的保温隔热性能，提高了房屋的舒适性。这与绿色建筑以及新乡土建筑的思路也是吻合的。志愿者进一步进行了实物建造实验，并改进了设计。

引　言

汶川地震中，大量灾民失去家园，安置房建设是重建工作的重中之重。其中，临时安置房主要解决 3 年左右的短期居住问题，时效性强，必须在短期内建成，数量多，紧要程度甚至先于永久安置房。然而灾区路况不好，余震不断，短时间内交通难以恢复，这给材料的组织和运输带来了很大的压力。目前的临时安置房主要以板房和帐篷为主，数量仍然不足。笔者认为，从绿色建筑的角度出发，鼓励使用本地材料，安置房可以尝试用土材料建造，作为对板房和帐篷的有效补充。利用当地材料，如竹子、泥土、麦草、稻草进行建造，造价低，避免大规模从外界运输材料，可行性高，而且绿色环保。

1　现状：板房和帐篷不足

2008 年，根据笔者 6 月下旬在成都、都江堰、青川等灾区的走访以及通

———————————

　① 本文成稿时间：2008 年 7 月。感谢 DIYHUST2008 的志愿者。设计：刘蓓蓓、吕啸晨、王翔、和惠银、陈颖。实验建设：吕啸晨、和惠银、袁平、杨柳、刘蓓蓓、陈颖、刘凯、聂丽娟、谭启敏、李欣、武周和曹志宇。友情援助：申杰、郑璞、孙攀、周小坡、刘欢、张祎博、陈海波和胡斌。

过网络和媒体报道了解的情况,临时安置房数量仍然不足。究其原因,板房需要大型车辆运输,而许多偏远地区,如青川等地,道路曲折,由于余震不时中断,大型车辆无法通行,加上原材料涨价,建造板房的费用超过 1000 元/米²,远远超过农村永久住房的造价,已经暂停建造。另外板房通风条件不好,山区难以成片设置,会引发环境污染的问题,水泥地坪会破坏大量农田,泡沫塑料带来白色污染,而且板房材料由于使用造成损毁,即使回收也很难再次利用。帐篷也供不应求。由于夏天帐篷内温度很高,居住不舒适(当时气温不到 30 ℃,帐篷内温度接近 40 ℃),防火性能不好,一些帐篷区甚至不敢把电线拉到帐篷内部,而采取在整个安置区用大灯照明。

2 前期研究

2.1 案例研究

伊朗建筑师纳德尔·哈里里设计的沙袋房很有参考价值(图 1)。它非常实用,曾得到联合国发展计划署负责人奥马尔·巴赫认可。15 m² 的临时安置房造价在 200 美元以下,可以使用 3 年,5 个人一天就可以安装完成。该设计证明编制沙袋房便宜,抗震,施工快,热工性能好。不过在四川灾区,由于气候潮湿,沙袋房的通风、防潮性能未必理想,而且不太符合中国人住方正房子的生活习惯。

日本建筑师板茂设计的纸管住宅广为人知,搭建方便。板茂在西南交通大学建造了四川版临时安置房,主要用木夹板和少量纸管搭建,采用了成型的塑钢门窗,施工快,技术简单,比较适用于容易获得板材的城市。在偏远地区推广的缺点是对于纸管质量要求较高(国内只有少数几个厂家的纸管能够满足强度要求),木夹板运输困难,另外造价不够便宜(图 2)。

2.2 材料研究:竹子、泥土、稻草

安置房设计应因地制宜:在运输困难的情况下,针对偏远地区、农村、郊区,采用易获得的当地材料建造临时安置房。事实上,使用土材料可以减少

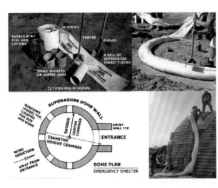

图 1　沙袋房　　　　　　　　　　图 2　纸管住宅

运输能源消耗,也利于环保,这与绿色建筑以及新乡土建筑的思路也吻合。
调研表明,四川灾区农村当地木材不够充足,但有大量的麦草、稻草。竹子
数量较多,主要是比较细的青竹,当然还有泥土。考察了当地传统乡土建筑
的建造情况,过去一直有大量的土坯房和稻草房,竹棚到现在都相当普遍,
这足以证明使用泥土、麦草、稻草和竹子在当地建房的可行性(图 3、图 4)。

图 3　土坯房　　　　　　　　　　图 4　麦草

3　设计要求

为了满足灾后重建的需要,临时安置房应该达到以下要求。

(1)抗震性好:余震不断,安置房必须有一定的抗震性能;同时由于灾民
对原住宅的恐惧心理,临时安置房应比较低矮,并采用轻质结构。

(2)造价低廉:因数量巨大,要求造价低廉。应控制在 1000 元/米² 左右,即与帐篷的价钱相当。使用土材料的话,泥土、稻草和竹子等材料的价钱,以及人工费不计入其中。

(3)适度耐久,3~5 年。

(4)因需求相当紧急,应快速建造。

(5)减少运输:必须运输的材料应占用空间少,才能提高运输效率;应以柔性材料为主,这样在大车无法通行的地方可以用小车运输。

(6)环境友好:由于数量巨大,对环境的影响不可低估。使用泥土、竹子和稻草等可再生材料,可以减少大量泡沫塑料和水泥带来的环境影响。

(7)冬暖夏凉:当地过去普遍建造的土坯房本身就有冬暖夏凉的性能,用稻草做屋顶也具备一定的热工性能。

(8)技术简单:便于非专业人士安装。志愿者以及灾民能经过简单的培训就可以对照图册协助建造,参与重建家园的过程更有利于治愈心灵创伤。

在地面搭建东西两榀框架,节点处均用铁丝绑扎固定(竹构架搭建过程中节点用铁丝绑扎,竹子均不穿孔)。南北竖两根立柱,然后绑扎斜撑(注意:北向只绑扎外侧斜撑)。将两榀框架竖立,立柱对应埋入地基坑内。

用小编织袋堆基础。第一层:编织袋装满大石块(碎砖、碎石和泥块)。注意编织袋之间留出约 1/3 袋宽的距离,用于排水。第二层:编织袋装满小石块。第三层:编织袋装满泥土或沙,然后铺塑料薄膜,用于防潮,建议横向、纵向各铺一道。最后用泥土找平。四根角柱之间用竹子绑扎连接。

南面横向内侧绑扎支撑结构(稳定结构,间距可调)。

4　策略:轻、柔、空、土

屋顶应轻,利于灾民在心理上接受;材料的柔、空是指用铁丝、袋子组织竹子、泥土等,也方便运输;土是材料选择和整个方案的定位。

最终设计为 3.6 m×3.6 m 的单层小屋,设计方案及施工步骤见图 5 至图 8。基本构造是三部分:竹子作为结构,用土袋围合,稻草作为屋顶。竹子作为承重构架,因为竹子容易取得,而且生长迅速,砍伐之后三五年又可以重新成林。由于灾区常见的竹子比较细,为了保证其力学性能,必须对竹子进行组合建构。如果有楠竹和木材,则完全可以用它们作为主要构架。用

183

编织袋装泥土或砖石废料,围合成 2 m 高的外围护结构,施工快,热工性能好。用稻草作屋顶,重量轻,隔热。事实上竹构架、草屋顶完成之后,在周边用彩条布围合,已经可以作为临时安置房使用。土袋可以后期再加上,以优化防火和热工性能。

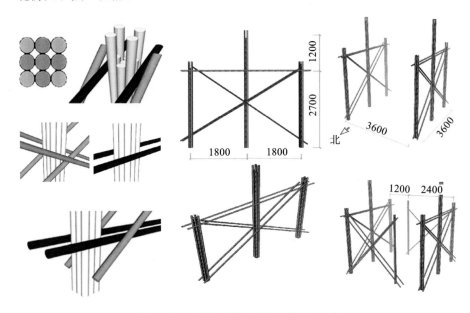

图 5　施工步骤 1(从左到右)(单位:mm)

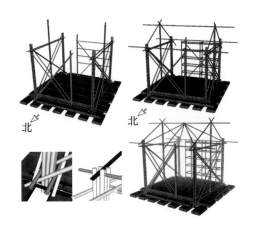

图 6　施工步骤 2(从左到右)

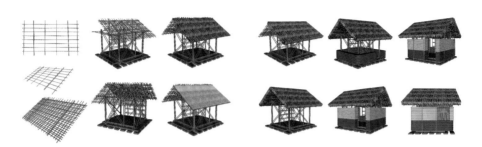

图7　施工步骤3(从左到右)　　　图8　施工步骤4(从左到右)

为了方便志愿者、灾民理解,建造技术要领都直接写在了图纸上。主要建造过程及要点如下。

(1)在地面上用竹子分别绑扎两个屋顶框架,后用竹篾穿插在框架间。

(2)分别将两片屋架架在横梁上。

(3)铺一层稻草,在稻草上面铺一层塑料薄膜。

(4)在塑料薄膜上铺第二层稻草,最后用同样的方法搭建另一半屋顶,并往中间缝隙填补稻草。

(5)用沙包垒第一层墙体:50 cm宽,约18 m长。垒第二层墙体:50 cm宽,约9 m长。

(6)墙体加固:沙包墙体每侧外围用两根竹子插入泥土,用铁丝将八根竹子固定,用于加固墙体。

(7)安装门窗:根据当地材料制作门和窗。

(8)防水防潮:屋顶坡度要大于30°,这样过水快,防风,草不易腐烂。屋顶各边均出挑1 m,保证土袋不会大量淋雨。室内地坪下5层分别是大块的废旧砖石(利于过水)、小块废旧砖石、泥土、薄膜、泥巴,抹平,最底层有架空的渗水通道。

(9)热工性能:土袋上的架空结构在夏季用纱窗围绕,还可将防晒网挂在东、西两边的屋檐下,门窗的大量通风以及50 cm厚的土袋墙均会有利于形成凉爽的室内环境。冬天土袋墙上的架空层围上双层薄膜,效果相当于半个温室,也就是土双层玻璃,室内会很暖和(图9)。

图 9　安置房建成效果

（10）抗震：这种房屋可做到墙倒屋不倒。内部的竹框架加上斜撑，强度和韧性都很好，质量轻，刚柔并济，能抗震。外围的竹箍强度较低，即使震级高，土袋只会往外掉。

（11）防火：草顶的防火性能不够好，但明显优于帐篷。电线在 2 m 高的土袋墙以下铺设，避免接触屋顶。

（12）造价：竹子、土、稻草是本地可取的材料，不计入造价。费用主要来自购买编织袋、铁丝、薄膜、窗纱，在 1000 元以内。

（13）耐久性：本方案是先搭竖框架加屋顶，再垒土袋。准确地说，袋子要用长管袋。有人说编织袋在室外 3 个月就坏。我们咨询了一些厂家，了解到那种是用回收的旧原料做的。用新材料可以管 3 年；如果加炭黑或 UV 更好，成本贵不了多少，使用 3 年没什么问题。另外可以考虑在外面靠墙堆放一些枯枝、杂物遮挡阳光就更耐久了。

5　建造实验

为了验证和推敲方案，我们进行了实物建造实验。由于安全原因不能组织学生进入灾区，只能在学院的后院搭建，经费 2000 元（因为在城市建造，竹子、稻草、泥巴都要买）。志愿者是学生，以大四学生为主，核心成员大概 5

个,从买材料做起,一边做一边修改设计,用了两个星期。武汉室外气温在35 ℃以上,时间紧迫,建造过程异常辛苦(图10)。

铺草非常需要耐心。为了实现更好的防水效果,稻草中间加了一层薄膜。干草要先梳理干净,除叶留杆,裁掉头尾。屋顶要用竹筒纵横打底,将草铺平压实,用竹片或塑料绳层层分段绑扎。最好以硫酸铜浸泡,或者用牛粪燃烧熏蒸。将稻草在硫酸铜溶液中浸泡48 h后晾干,也可以使用普通喷雾器将硫酸铜溶液喷洒在稻草上。

实验中在地面绑扎屋顶,铺好草之后,分成两部分整体上架,再和柱子捆牢固,这样铺草方便,但是屋顶非常重。我们只能搭好脚手架,再叫来15个男生把屋顶架上去。现场建造时,建议搭好屋架,一个人到屋顶铺草,速度会慢很多,但是容易搭建(图11)。

图 10　实验用安置房　　　　　　　图 11　搭屋顶

实验中所有竹子均没有打孔,完全在竹节附近绑扎,整体稳定性足够(图12)。建造时,做斜撑用的竹子可以先打孔再用铁丝绑扎,就更牢固。室内地坪处横向联系的竹子,伸出部分要压在土袋下面,以增强整体的防风性能。

最难获得的是长管袋。我们联系了多个生产编织袋的厂家,他们非常热心,但是通常用的编织袋都是使用的回收料,新料虽然贵不了多少,但没有现成的,厂家也不愿做。

图 12 绑扎竹子

主要材料包括:青竹 150 根,稻草 60 捆(一捆直径约 60 cm),铁丝 40 斤,薄膜 50 m²,麻绳 10 m,杀虫剂、石灰、硫酸铜少量,共花费 1800 元。另外有免费的泥土、碎砖石若干。

6 后续研究

方案发表在天涯论坛和土木再生的网站,也被《长江日报》、网易新闻网报道,接收了不少意见,并进行了修改。虽然实验尚未完成,但是从土材料出发的思路,在灾后建设临时安置房中是有价值的。后续研究还需要解决以下问题。

(1)测试土袋墙的力学性能。

(2)对乡土材料的建造,如竹构架、稻草屋顶的构造、防腐处理等应进一步研究。

(3)目前的整体力学和热工性能只是凭经验来判断的,要通过实验得到科学的数据。

(4)抗震性能需要经过测试,应寻求更优化、更整体的做法。

(5)考虑将临时安置房向长期住房的转换。

参考文献

［1］ 伊丽莎白,亚当斯.新乡土建筑——当代天然建造方法［M］.吴春苑,译.北京:机械工业出版社,2005.

［2］ 张俭.传统民居屋面坡度与气候关系研究［D］.西安:西安建筑科技大学,2006.

［3］ 思远.延长盖屋顶稻草使用期的方法［J］.资源开发与市场,1987(4):14.

土家族居住环境与生活

　　土家族的居住环境比较多样。典型的居住环境海拔高度为 400～1700 m，这些地方的地形地貌很丰富，因此也形成了非常丰富的居住文化。

　　我们熟知的彭家寨是一个山地的村落，有非常明显的土家族山地村落特征。除了彭家寨之外，在宣恩县还有一个叫清水塘的地方，是一个典型的在水边的土家族村落（图1）。

图1　宣恩清水塘

　　土家族地区如恩施的沙地乡有很多高山风景。因为山水相依，一些村子也形成了非常理想的风水格局，如恩施的旧铺古寨，一条小河环绕整个村子，背后是一座大山，这个村子就在山下的平台。长期在山地环境中居住的土家先民养成了一种对自然的敬畏之心——尊敬和不破坏，例如在险要的山顶修龙王庙，表示尊重原始自然状态。在土家族地区也有很多大大小小的土地庙，普遍反映了当地居民对大地的尊重和敬仰。土家人对水是特别钟爱的，在山区有些地方有水，有些地方缺水，在缺水的地方人们会修一个精致的水井,而且会精心砌筑一个石板把井盖起来(图 2),这体现的是一种对自然资源的保护态度。

图 2　恩施沙地乡砌筑的水井

　　土家族建筑的主要格局一般是一字屋、钥匙头、撮箕口、四合天井,还有四合天井加上亭子楼形成的大院子。笔者在对恩施的调查中发现了大量被破坏的四合天井,包括双四合天井,还有三四个横排的天井。这种样式在过去非常常见,但是现在遭到严重破坏,剩下的越来越少。宣恩高罗的杨家老屋也是格局很大的一个四合天井加一个很高的亭子,老屋已经废弃,但是从那间屋里进去可以看到当年的山水格局,十分令人震撼。老屋对着一溜远山,整个过厅很敞亮,很高。在恩施的张家湾还有一个张氏宗祠,它也有一个四合天井,它的亭子楼也保留至今。

　　土家族建筑有非常成熟的公共空间序列。首先它的公共空间非常完善。从一个普通土家族建筑来讲,每个建筑室外一定会有一个场坝,场坝后面是阶沿。阶沿就是建筑学上的灰空间,它也是生产生活中用得较多的一个空间,可以放农具,晒谷物(图 3)。阶沿进去之后是堂屋,堂屋有多种用途,农忙时,可用于半成品加工,有时是家里待客的场地,还是放祖宗牌位的地方,到现在土家族还有这个传统。堂屋一般都做得很高,这个空间有一层半或者两层,即使有些房子盖成两层,后面也会专门留出一个亮瓦,照亮堂屋,这是仪式上很重要的空间处理。

图 3　场坝、阶沿

土家族建筑还有一个重要的生活空间:火铺。火坑是烤火的地方,是当地比较独特的功能性空间。当地潮气比较大,有时候比较寒冷,在堂屋旁边有一个小房间,中心是火坑,家庭富裕的会把上面做成一个铺,叫火铺。火铺其实形成了一个日常的公共空间,它是公共空间的中心。大家在这里烤火、聊天、讲故事等。熏肉一般挂在这里,用烟火熏烤。这就是土家族建筑的空间序列。土家族的建筑按照这样的序列还可以形成街道,比如说土家族现存的几条老街,如沙地老街、红村老街等。

因为土家族居住在山地,所以土家族建筑空间充分体现了建筑设计的智慧。一般情况下,房子选址不会选在平地,因为平地要留作农田。居民会选择在山边的缓坡上建房,另外会把正房放在平地上,正房和场坝需要平整,两侧的山房会用吊脚楼的形式。吊脚楼最大的好处就是不用平整场地。另外一个适应地形的特色是:走马转角的龛子下面一般留作辅助空间,比如猪圈、羊圈，上面则是家庭使用的空间。土家族的龛子非常有特色，高明的木匠才能做出来走马转角。笔者老家的房子只是一个钥匙头，没有做成龛子，因为木匠的技术不行。

现存的土家族建筑格局中，笔者认为三合院是非常成功的一种形式。三合院就是土家族所说的撮箕口，它完整保留了空间的仪式感，如对称性，主空间和次空间做到了主从有序，而且场坝满足了晾晒的需求。另外一字屋和钥匙头其实是撮箕口的不完整版，依据经济条件不同修建。

这几种典型户型立面变化丰富。村落多是这三种户型，经过组合，依据地形变化，就会形成一个非常丰富错落的立面。而且户型随地形调整就会形成更加丰富的村落景观。建筑序列在整个立面错落有致，充满了山地田园的情趣(图4)。

土家族建筑处理地形的方式比较精巧，石阶是顺应地形做的，整体有丰富的自然景观层次。梯田的灌溉体系做得很好，例如一些村子有几条灌水渠，从整个村子流过，顺着梯田一层层跌落到最下层。这种灌溉体系其实是

图 4　两个撮箕口联排形成的丰富立面

土家先民应对地形的一种智慧。

　　土家族建筑反映了适应气候的智慧,主要体现在对阳光和火的使用上。山区气候潮湿,所以需要光照,通过典型的撮箕口让出场坝来。灰空间,如阶沿,也是晾晒的地方。另外,在空间处理上,堂屋层高比较高,阳光可照进去,甚至照到祖先牌位的位置。这也是除去室内潮湿的一种做法。土家族的另一个智慧就是对火的使用,火铺形成了家庭生活的中心。火铺可以煨汤,人可以取暖,同时还可熏肉,烟可在房子上熏一层油,防蛀。火铺有综合功能,基本上发挥了火的所有作用:取暖,储存食物,防蛀,防潮。

　　土家族建筑工艺经过几千年的发展,例如宣恩风雨桥的木构件,可以用壮丽来形容。它在几个县的风雨桥里可能是最好的一个。虽然桥下用混凝土做基础,但木构件非常精巧。宣恩现存的木结构工艺保存得非常好(图5),笔者在宣恩调查的一些传统工匠个个都有绝活。土家族建筑工艺也体现在建筑细节上,如柱础、石磴、门槛上都有雕花,在材质的比例关系和工艺的丰富性上,都是经过精心设计的。

图5　传统工匠作品——狮子关门楼

　　土家族建筑承载土家族的居住和生活功能,充分展示了土家族人民顺应自然的生活哲学,也保留了丰富的文化遗产。

鄂西吊脚楼建造工艺现代化研究^①

中国传统建筑在长期的发展过程中形成了极富民族特色的多样化建筑类型,而随着社会主义现代化建设进程的加快,传统建筑与现代建筑在功能、尺度、装饰、施工工艺等方面存在着诸多矛盾。现代建筑技术对传统民居的保护与传承产生了极大影响,传统民居现代化是必然趋势。鄂西地区地形结构复杂,民居多保持原始形态,具有较高的研究价值。本文重点对鄂西土家族吊脚楼进行了分析,采取了实地调研的方法,对吊脚楼的基本特征以及居民生活的舒适性进行了深入研究,从吊脚楼建造工具、平面布局、围护结构及室内设施四个方面进行了论述,并提出相应的现代化改进措施,为今后传统民居的保护提供一定参考。

审视中国建筑发展现状,传统建造工艺在城市中只是博物馆式的、教科书式的遗存,数量极少,已经没有了使用的人群和延续的环境,是没有活态传承的建筑体系。而在乡村,传统建造工艺还局部留存,部分乡村还有为数不多年事已高的传统工匠,承担着少量传统民居的建造修复任务,但令人担忧的是,乡村传统建造体系正日渐凋零。虽然现代乡村建设也取得了相当可观的成绩,但是在大部分地区,传统村落中真正传统的内容越来越少,即使有经费保护,一旦维修就会不伦不类,反而造成破坏。究其根本原因,是因为建造体系的冲突,即中国传统建造体系和西方建造体系的冲突。

在乡村更要考虑如何保护传统建造体系的问题。这些传统的、落后的建造体系几乎已经被市场淘汰,如何发挥它在现代建造体系中的适用性?怎样才能在现代化的过程中保留传统的特征? 当然,并不能完全用怀旧的心态探讨传统建造体系,但不可否认,从美学、科学、力学、气候方面,传统建造体系都有太多值得研究的地方。它代表的是上千年居住经验的积累。现

---

① 本文改写自刘小虎指导、吕琴撰写的硕士论文。成稿时间:2018 年 6 月。

代科学发展本身也是一种经验的积累,失去经验积累的新技术往往是不靠谱的。

吊脚楼是西南山地传统民居中特有的建筑形式,采用高架的方式适应山地和沼泽地形,广泛存在于鄂湘、云贵川、武陵山区等地区。吊脚楼能顺应坡地,同时也避开了山区底层的潮湿环境,特别适应当地的地理和气候条件。但吊脚楼又有隔音、防潮、密闭性等方面的缺陷,需要进行改良,同时应保留原先的风格特征,才能保持乡村尤其是传统村落的风貌。本文以鄂西地区为例,研究吊脚楼建造工艺的现代化策略。

1　国内外研究现状

发达国家传统民居现代化的成果较为丰硕。在欧洲,德国最具特点的是木构架房屋,随着时代的变化,由全木结构逐渐演变为下部砖石与上部木结构结合,最后演变为全砖石或混凝土框架,但仍保留了传统民居的主题符号。在北美,木框架建筑已沿用多年,并在不断改良,如采用独特的箱式结构抵御地震,利用夹心保温及合理的布局提高保温、隔热性能等。在亚洲,日本在现代木结构住宅的建造中不断引入新技术,如采用较广的 SE 工法将现代金属连接件与榫卯结合,提高抗震性能,并用胶合木代替传统实木,克服天然木材易变形的弱点等。

在国内,近些年有一批学者开始关注传统民居现代化的研究和实践。如西安建筑科技大学刘加平在传统窑洞中引入现代绿色技术,实现了传统窑洞向现代新型窑洞的转型。湖南大学的柳肃、李哲研究了湘西苗族传统木结构民居在建造技术及构造措施上的改良方法。北京建筑大学徐怡芳探讨了北京民居传统形态的现代更新途径和当代设计方法。本文将以鄂西土家族吊脚楼为例,探讨适用于当地民居传承的现代化措施。

2　鄂西土家族吊脚楼原型研究

传统民居现代化是为了提高居民生活舒适性,有效延续民居的使用寿命,但不能破坏特色空间,不能打破传统生活方式。因此,现代化的前提是提炼和延续传统民居的基本特征。张良皋先生《武陵土家》一书中总结出鄂西土家族吊脚楼基本形制分为一字形、L形、U形与其他形式。经现场调研后发现与其总结一致。

2.1　平面形制

鄂西土家族吊脚楼平面大致分为三类:一字形(图1)、L形(又称钥匙头)(图2)和U形(又称撮箕口,图3)。一般为两层:一层为居住空间,二层堆放杂物。有吊脚的民居地面一层为卧室,吊脚部分为畜禽圈养处或用于放置货物。主屋以堂屋为中心,堂屋两侧前半间为火塘屋,后半间为卧室,最外间为厨房。

根据主人的地位和经济状况,在基础形式上也延伸出其他类型:如在撮箕口增加一道院门,则形成口字形平面,又称四合天井(图4);在四方围合的建筑中增加进深的间数,在院内增加天井,形成规模更大的建筑群。

图 1　一字形

（作者自摄）

图 2　L形

（作者自摄）

2.2　核心空间

鄂西地处山区,气候阴冷潮湿,火塘屋是土家人日常活动的重要空间(图5);堂屋是民居的中心,也是祭祀祖先的重要场所(图6)。土家吊脚楼原有的特殊空间是土家文化的表现之一,在对吊脚楼民居进行现代化改造时,

图 3　U 形　　　　　　　　　　　　　　　　图 4　四合天井

（作者自摄）　　　　　　　　　　　　　　　　（作者自摄）

不能随意破坏传统形制，要保证堂屋的中心位置，延续火塘屋的使用功能，保护土家族的特殊生活方式。

图 5　火塘屋　　　　　　　　　　　　　　　　图 6　堂屋

（作者自摄）　　　　　　　　　　　　　　　　（作者自摄）

2.3　构造形式

吊脚楼堂屋地面多采用三合土铺地，室内铺木地板；墙壁由 40 mm 厚单层木板开槽后拼接而成；屋顶为椽子、檩条和青瓦组成的单层瓦坡屋顶；门均为普通木板门，窗户由窗框与窗棂组成，雕刻样式丰富。

2.4 基础设施

吊脚楼的卫生间位于畜禽舍旁,设置方式原始,不符合现代人生活习惯。厨房与火塘屋仍使用柴火。

2.5 建造体系

土家吊脚楼多在天然地形中选择坚实平整地段,并灵活设柱;再备料搭接木构架,将木柱穿成排扇,从最西边依次往东立排扇(此流程经由恩施市二官寨旧铺村传统匠人康纲林口述后记录),形成完整的框架;然后由椽子、檩条和青瓦完成屋顶的搭接;接着在木板两侧做出企口,用榫卯拼接方式将木板拼成楼板与墙板;最后安装木门窗,窗户尺寸各异,一般用方形木条做成方形、菱形等图案为装饰。

吊脚楼建造体系由工匠多年的经验积累而来。经走访发现,村内传统工艺匠人大多年事已高,会这门手艺的年轻人少之又少,对传承人的保护显得尤为重要。此外,虽然工匠在建造过程中仍使用传统工具,但也在逐渐引入电刨、电钻等小型现代机械工具,提高了工作效率,可见传统工具的延续也需要与现代技术相结合。

3 鄂西土家族吊脚楼室内环境实测

本文选取恩施市盛家坝二官寨旧铺村一栋吊脚楼进行实测。该民居为钥匙头形式(以下简称该民居为钥匙头),保存较为完好,基本情况见表1。在 2016 年 7 月 7 日(天气晴朗)对钥匙头室内温湿度、风速与照度进行实测,并选择三个测试点:堂屋测点 1、火塘屋测点 2 和室外测点 3(图 7)。

(1)实测结果显示,吊脚楼夏季室内温度宜人,傍晚室外温度下降时,室内温度变化不大。室内余热无法散发出去,这与室内通风效果不好有关。

表 1　测试对象一览表

（作者自制）

基本概况	钥 匙 头	基本概况	钥 匙 头
建筑朝向	北东	有无内天井	无
建筑布局	L 形（钥匙头）	窗户形式	
建筑层数	一层（二层堆放杂物）		
墙体构造	40 mm 厚单层木板墙	—	—
屋面	单层瓦坡屋顶	窗户尺寸	630 mm（高）×550 mm（宽）
有无保温	墙体、屋顶均没有	窗墙比	0.14

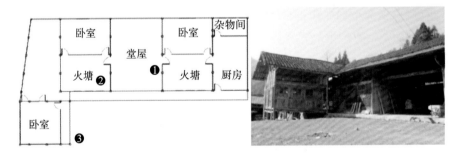

图 7　钥匙头测点布置图及风貌

（作者自绘）

（2）天气晴朗时，民居室内相对湿度最高为 97.3％，最低为 61.6％，大多数时间室内湿度处于人体舒适值以上（45％～65％），需改善室内潮湿问题。

（3）堂屋的照度受室外照度的影响，呈现较明显的变化，但厢房照度值一直低于 300 lx。根据《建筑照明设计标准》（GB 50034—2013）需提高厢房的采光效果。

（4）堂屋风速受室外风速影响，为 0.02～0.32 m/s；厢房的风速较低，为 0.01～0.1 m/s。堂屋与厢房的通风效果都不佳，需要提高其通风能力，尤其注重提高厢房的通风效果。

根据以上调研与实测结果（图 8）可知：堂屋与火塘屋是吊脚楼民居重要的生活空间，应保留；围护结构的保温、防潮性能较差；厢房通风、采光效果不好；室外卫生间不符合现代人生活方式；厨房、火塘屋等未使用清洁燃料，影响室内空气质量。解决这些问题有利于吊脚楼现代化，下文将从平面布局、围护结构、室内设施及建造工具四方面为吊脚楼现代化提出相应改造措施。

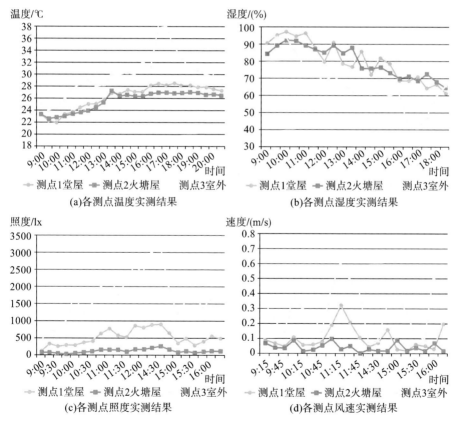

图 8　钥匙头各测点实测结果分析图

（作者自绘）

4　平面布局现代化

　　吊脚楼大木作结构以及重要空间是土家民居的精髓,在改进平面布局时,应尽量保持原貌,在此基础上引进室内卫生间。以钥匙头为例:正屋五开间,厢房为一间,厢房与正屋转角处未设置使用空间,堂屋左侧(按照传统习惯,指人站在堂屋中面向室外的方向)最外为厨房。在改进钥匙头的平面布局时,将转角处的空间改为厨房,在厨房内划分出卫生间,并将堂屋左侧最外间设为卧室(图 9)。

(a)一层　　　　　　　　　　　　　　　　　(b)二层

图 9　钥匙头改造后一层及二层平面图

(作者自绘)

　　由于越来越多的村子大力开发旅游建设,民宿的需求逐渐增多,在改良吊脚楼时建议将二层规划为居住空间。二层格局与一层一致,但坡屋顶导致二层最外侧墙面较矮,阻挡了室内光线,室内空间使用不便,需要适当增加二层的层高。钥匙头二层中柱高 3300 mm,外檐柱高 1300 mm,为保持屋顶坡度不变,改造时将排扇高度整体增加 1000 mm,视野更开阔(图 10)。

图 10　钥匙头改造前(左)与改造后(右)效果图

(作者自绘)

5　围护结构工艺现代化

吊脚楼民居围护结构保温、防潮性能较差,需在合适位置设置保温层与防潮层。《现代木结构住宅设计》规范中常用的保温材料为聚苯乙烯泡沫板(EPS,适用于墙体及屋顶)和挤塑聚苯乙烯板(XPS,适用于楼地面),所以选择这两种保温材料作为吊脚楼民居围护结构保温材料。

5.1　楼地面

良好的地面构造不但能提高室内保温性能,也能有效防止地面受潮。吊脚楼普通房间建议铺设木地板,架空防潮,并添加保温层。室内增加卫生间,卫生间地面在加设保温层的基础上还需设置防水层。

民居二层普通房间仍铺木地板,加设保温层;卫生间需铺设地砖,添加保温层及防水层。二层楼面构造除了加设保温层,还需考虑隔音问题(图11)。

普通房间地板（改造前）

普通房间地板（改造后）

卫生间地板（改造前）

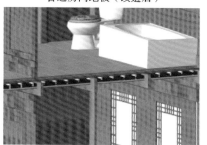
卫生间地板（改造后）

图 11　吊脚楼民居地板构造做法

(作者自绘)

5.2 墙体

吊脚楼墙体需增设保温层,普通房间可采用夹心墙构造方式:在单层木板外墙内侧加设一层木板,中间增加保温层,改造后的墙体厚约 150 mm。外墙可对内墙起保护作用,并且不会破坏传统民居的原始风貌(图 12)。

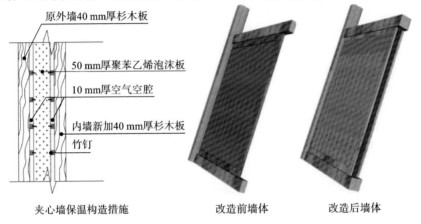

原外墙40 mm厚杉木板

50 mm厚聚苯乙烯泡沫板

10 mm厚空气空腔

内墙新加40 mm厚杉木板

竹钉

夹心墙保温构造措施　　　改造前墙体　　　改造后墙体

图 12　普通房间墙体构造图

(作者自绘)

卫生间墙体建议采用内保温构造方式:在室内墙体一侧铺设保温材料,起保温作用与装饰作用。农村最常用的是陶瓷锦砖饰面(图 13)。

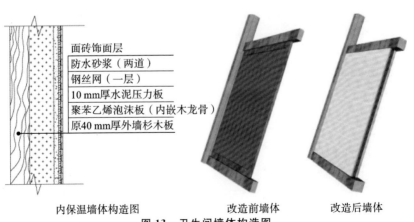

面砖饰面层

防水砂浆(两道)

钢丝网(一层)

10 mm厚水泥压力板

聚苯乙烯泡沫板(内嵌木龙骨)

原40 mm厚外墙杉木板

内保温墙体构造图　　　改造前墙体　　　改造后墙体

图 13　卫生间墙体构造图

(作者自绘)

5.3 屋顶

吊脚楼的屋顶是室内外热量流动的途径之一,下雨天还有漏雨的情况。在对屋顶结构进行改造时,主要考虑以下几点:一是尽量使屋顶没有缝隙,提高密闭性;二是采用合适的保温材料提高保温性能;三是有条件的人家可加建吊顶,装饰室内。

5.4 门窗

吊脚楼的窗户没有挡风、防蚊虫等措施,精美的雕刻也影响了室内采光通风效果。建议适当简化窗户的雕刻形式,增大窗户面积,并加设玻璃窗,可自由开合,以调节室内风速(图14)。门的形式沿用现有木门样式,或与玻璃结合,做成上部分为玻璃、下部分为木板的形式。

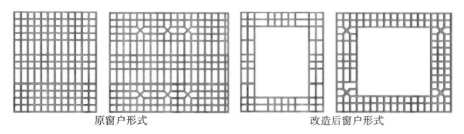

原窗户形式　　　　　　　　改造后窗户形式

图 14　窗户形式

(作者自绘)

6　室内设施现代化

吊脚楼室内设施现代化需考虑卫生间排污排废以及厨房燃料更新问题,建议建立沼气池来解决这两个问题。据《木结构住宅》,农村建沼气池,平均每人按 $1.5 \sim 2 \text{ m}^3$ 的有效容积计算较为适宜。例如,一个 5 口之家,建造 $8 \sim 10 \text{ m}^3$ 的沼气池,基本能满足一家人一年煮饭烧水的需要。

吊脚楼的畜禽舍一般位于主屋后方与吊脚下方,可在畜禽舍和新增卫生间附近的地下建立沼气池;在厨房地板下的架空层铺设排污管道和沼气管道,将沼气通过沼气管道输送到灶膛内部,同时将沼气输送到火塘下方。

大多数住户在厨房灶台上安装烟囱通向屋顶以排放油烟,但传统的烟囱构造简单,需要在烟囱的构造中设置泛水层,防止烟囱与屋顶衔接处漏水,并装饰与民居风貌相符的外饰面。电气管线入户后应明线设置,并沿墙、柱、梁角处以槽板压线,槽板外刷与背景相同色调的油漆。

7　建造工具现代化

传统建造工具继续发挥作用,与现代技术结合是必然趋势。村民在建造房屋时已有意识地使用简单的小型机械工具,说明现代工具仍有其优势。与现代技术结合衍生的新型传统工具既能提高工作效率,也能延续传统工艺(图 15)。

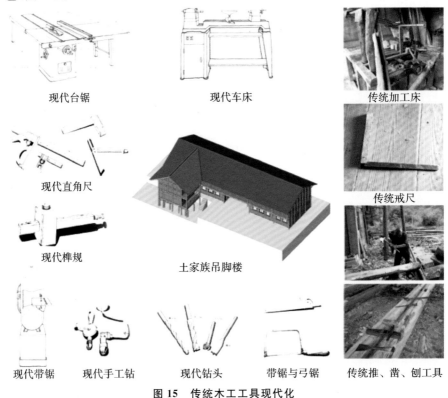

现代台锯　　　　现代车床　　　　传统加工床

现代直角尺

现代榫规　　　　土家族吊脚楼　　　　传统戒尺

现代带锯　现代手工钻　　现代钻头　　带锯与弓锯　传统推、凿、刨工具

图 15　传统木工工具现代化

(作者自绘)

8 总 结

传统民居和其他传统文化一样,在时代的浪潮中实现现代化才能延续。现代化的前提是保持传统风貌的完整性,目的是提升居住舒适性,使居民自发保护传统民居,让传统民居在现代社会发展模式下得到传承。吊脚楼的现代化应保持大木作的完整性及堂屋、火塘屋的使用;在此基础上将卫生间与厨房设置在一起;加强楼地面、墙体、屋顶的保温、隔热、防水、防潮等性能;改良门窗以增强室内通风采光效果;建立沼气池以解决室内排污排废及燃料更新问题;在保持传统特色的基础上改良工具,提高工作效率。传统民居的现代化涉及方方面面,需要各界人士共同努力,才能使改造技术在民居中得以有效实施。

参考文献

[1] 张志荣.精致复杂的德国民居[J].中华民居,2010(9):40-47.

[2] 刘加平,何泉,杨柳,等.黄土高原新型窑居建筑[J].建筑与文化,2007(6):39-41.

[3] 刘加平,张继良.黄土高原新窑居[J].建设科技,2004(19):30-31.

[4] 杨柳,刘加平.利用被动式太阳能改善窑居建筑室内热环境[J].太阳能学报,2003(5):605-610.

[5] 李哲,柳肃.湘西侗族传统民居现代适应性技术体系研究[J].建筑学报,2010(3):100-103.

[6] 徐怡芳,王健.北京四合院的现代更新设计[J].城市住宅,2016(04):47-50.

[7] 张良皋.武陵土家[M].北京:生活·读书·新知三联书店,2001.

[8] 刘文合.基于可再生能源利用的农村住宅技术系统设计研究[D].哈尔滨:哈尔滨工业大学,2009.

[9] 李哲.湘西少数民族传统木构民居现代适应性研究[D].长沙:湖南大学,2011.

民族地区传统建造工艺保护及现代化^①

  我国的许多少数民族地区保存了大量相对完好的传统村落，更重要的是还有少量年事已高的传统建造工匠。当下除了对传统村落的保护，对传统工匠和建造工艺的保护也亟待展开。

  以湖北西部山区的恩施土家族苗族自治州（简称恩施自治州）为例，旅游休闲产业是未来最有潜力的发展方向。山水自然环境、少数民族风情是其最独特的资源，都应得到重点保护。从民族风情角度分析，土家族吊脚楼是恩施自治州最具有特色的建筑形式，是发展旅游业不可缺少的名片。土家族吊脚楼又名干栏，著名学者张良皋先生称之为中国建筑"三原色"之一，表明吊脚楼价值不仅对土家族地区重要，对整个中国建筑也有独特的贡献。

  近年恩施自治州出台了不少保护吊脚楼的举措，但目前形势不容乐观：作为土家族聚居地的恩施自治州，要从湖南请木匠完成木结构建筑；老百姓对吊脚楼的价值缺乏认识，有钱就要拆掉吊脚楼盖砖混小洋楼……

  从建造技术角度，吊脚楼发展主要存在如下问题。

  （1）用钢筋混凝土建造的吊脚楼仿制品多数不够地道，旅游者更喜欢原生态的东西。

  （2）吊脚楼工匠传承断代，现存工匠多数在 70 岁以上，没有传承工艺的年轻人，再过 10 年便没有可以建造吊脚楼的工匠。

  （3）保护下来的吊脚楼用于旅游接待，缺少现代生活条件，湿度太大，隔音差，导致旅游接待能力不足，亟须实现现代化转型。

  （4）传统工匠无相应资质，被排除在现代招投标体系之外，传统工艺更是无人继承。

  面对这样的情况，只有通过政府引导，把吊脚楼建造工艺作为恩施自治

---

① 本文成稿时间：2016 年 7 月 21 日。

州的主流建筑技术，而不是可有可无的传统工艺，才能从根本上改变局面。恩施自治州处于偏远山区，建造现代化建筑并不适合，但吊脚楼是原创工艺，稍加用心就可以吸引游客。只要使用传统建造工艺，吊脚楼的风貌自然是原生态的，就不会像混凝土建筑那样出现千篇一律的格局。现提出以下措施供参考。

（1）整理吊脚楼工匠名录，以市县为单位成立吊脚楼工匠协会，以协会承接建设工程，保证传统工匠承接项目的合法性。在传统村落、景区、历史文化名村等项目中，优先把吊脚楼的修复和新建交给协会来做，以维持工匠队伍。鼓励现有施工企业往吊脚楼方向发展。

（2）以协会带动成立吊脚楼工匠学校，培养下一代工匠；要特别注意与大学和研究机构结合，推动工艺的现代化。

（3）整理吊脚楼工艺，并将其系统化、科学化，出版典籍供参考交流。

（4）从恩施自治州的层面，将吊脚楼建造工艺申报国家非物质文化遗产。

（5）时机成熟之时，将恩施自治州的代表性吊脚楼村落"打包"，集体申报世界文化遗产。可效仿目前乌镇等八个江南小镇打包申报世界文化遗产的举措。

（6）目前木结构建造技术本身就是国内稀缺的产业，在技术储备到达一定水平之时，还可以对外输出。

鄂西南高山吊脚楼室内热舒适现场研究^①

现场调查鄂西南高山吊脚楼室内热舒适水平,首次构建居民的热舒适模型。研究分冬、夏两季进行,对 208 户民居进行热环境参数实测、387 位居民的主观热感觉进行问卷调查,再用回归方程进行大量数据分析,确立其热舒适阈值为:夏季热中性温度为 26.0 ℃,可接受的温度范围是 22.2～29.7 ℃;冬季热中性温度为 13.2 ℃,可接受的温度范围是 8.1～18.4 ℃。按此值选取两个典型吊脚楼住宅进行热环境评价,发现夏季室内热环境较舒适,冬季室内热环境较差。进而提出,当地传统民居的优化重点是冬季保温,适当兼顾夏季防热。最后结合当地乡村住宅的现状,分析适宜的热环境优化策略。

随着乡村生活水平的提高,原有居住环境已难以满足需求,村民有强烈的改善住宅室内热环境的愿望,因此,开展乡村住宅的热环境和热舒适研究迫在眉睫。热环境和热舒适是不同的概念。热环境是客观的环境条件,室内热环境是由空气温度、湿度、流速以及热辐射等因素综合形成的室内微气候,是客观的数值;热舒适是人的主观感受,是人体对热环境的主观反应,表达人对热环境是否满意,它并不是环境的温湿度数值,会随着不同地域、环境、人群而变化。居民的行为调节、长期的热经历和热期望会影响其热舒适的范围,因此,不能简单地把某地居民的热舒适标准推广到其他地区。

国外对室内环境的热舒适关注较早。20 世纪 60 年代,随着人体热感觉专用实验室的建立,美国采暖制冷和空气调节工程师协会(ASHRAE)制定了 ASHRAE 55 系列标准。全球研究建筑室内热舒适最常用的基础模型是 Fanger 提出的 PMV(predicted mean vote,预测平均投票值)模型。然而不

---

① 本文改写自刘小虎指导、李可昭撰写的硕士论文。成稿时间:2020 年 7 月。

少研究者已经发现,PMV提供的热舒适范围较窄,尤其不适合用于湿热环境下的自然通风建筑。此外,热舒适指标必须进行现场研究和实测。既往研究也表明,现场数值和实验室指标有差别,只有经过现场实测和科学分析才能得到准确的数据。准确定义一个地域的热舒适指标,能够更加精准地塑造室内微气候,利于节能环保,因此各国都要研究确定各自的热舒适模型。Indraganti确立了印度自然通风建筑的热舒适模型和可接受温度范围,日本、新西兰、新加坡、马来西亚等国的学者都通过现场调查,确立了各国自然通风建筑的热舒适模型。在国内,杨柳建立了我国热中性温度与室外温度的关系 $t_n=19.7+0.3t_m$,张宇峰、夏一哉等分别对广州、北京地区的自然通风建筑进行了热舒适的现场研究。

鄂西南山地平均海拔1000 m以上,乡村数量多,是湖北省主要传统村落保护地,有大量的干栏式民居(吊脚楼),山地民居特征鲜明,明显区别于其他地区。然而传统民居缺乏保温措施,热工性能和气密性较差。当地居民把海拔1000 m以上的地区称作高山地区,针对高山吊脚楼还没有人从热舒适角度进行研究。本文通过大量的现场实测和问卷调查开展研究,希望明确热舒适阈值,首次构建居民的热舒适模型,为今后鄂西南乡村住宅室内热环境品质提升、节能设计和改造提供科学基础和客观依据。

1 研究方法

1.1 调查样本选择

本研究选取鄂西南红土乡集镇老街及周边村落做现场调查。当地传统民居保留较好,各种类型的吊脚楼数量充足,海拔1400 m,样本有代表性。2019年7月和12月,团队分两次进行了夏季和冬季的室内热环境现场实测、居民热舒适问卷调查,现场调查将近一个月。

首先对传统民居进行分类。根据空间组织方式,传统民居可分两大类(图1):一类是无天井的传统民居,二层以下,平面形式包括一字屋(一字形)、钥匙头(L 形)和三合水(U 形),木构干栏结构,单层木板墙,冷摊瓦屋面;另一类是有天井的传统民居,天井位于中部,堂屋、卧室、火塘屋等围绕天井布置,也采用木构干栏结构,围护结构与第一类相同。

无天井的传统民居   有天井的传统民居

图 1　两类当地传统民居

现场实测和问卷调查由两组人同时进行。热环境实测,夏季实测了 112 户住宅,冬季实测了 96 户住宅,所有民居均为自然通风。热舒适问卷调查选取长期在其中生活的居民作为受试者,收回有效问卷 387 份,其中夏季 191 份,冬季 196 份。

1.2　调查内容

主观问卷调查参考 ASHRAE 55 编制,内容主要包括受试者的基本情况、活动状态、衣着情况,主观感觉量化为 3～7 级标度。在后期统计分析中,服装热阻的取值参考 ASHRAE 55 进行估算。所有受试者均在空间内静坐 10 min 以后再进行问卷调查,新陈代谢率确定为 1.2 met(坐姿轻度活动状态的取值)。

同时实测受试者周边的热环境参数,包括空气温度 t_a、相对湿度 RH、空气流速 v_a、黑球温度 t_g 四个参数。仪器的型号及其参数见表 1。

表 1　现场调查实测仪器及其参数

热环境参数	实测仪器	实测范围	精　度
空气温度 t_a	AZ8829 温湿度自记仪	$-40\sim85$ ℃	±0.6 ℃
相对湿度 RH	AZ8829 温湿度自记仪	$0\sim100\%$	$\pm3\%$
空气流速 v_a	SENTRY ST-732 风速仪	$0.00\sim40.00$ m/s	$\pm(3\%+0.03$ m/s$)$
黑球温度 t_g	TM-188 黑球温度指示计	$0\sim80$ ℃	±0.6 ℃

1.3　评价指标选择和统计方法确定

评价热舒适常用指标包括空气温度 t_a、操作温度 t_0、黑球温度 t_g、标准有效温度 SET 等。本文选取冬季的调查数据验证不同指标的适用性。决定系数是将 t_a、t_0、t_g、SET 等指标以 0.5 ℃ 的步距进行分组，对每组评价指标的平均值和热感觉投票值的平均值进行回归分析得到；相关系数通过评价指标和热感觉投票值的 Pearson 相关性分析得到。各指标的决定系数和相关系数见表 2。

表 2　评价指标的适用性验证

指　标	决定系数	相关系数
空气温度 t_a	0.873	0.534
操作温度 t_0	0.900	0.588
黑球温度 t_g	0.846	0.480
标准有效温度 SET	0.758	0.455

当地居民的热感觉投票值与操作温度 t_0 的决定系数以及相关系数最大，即相关性最佳，这是因为操作温度综合考虑了空气温度和辐射温度的影响。所以本文选择操作温度作为指标进行分析。其计算式为：

$$t_0 = At_a + (1-A)T_{mrt}$$

数据分析采用广泛使用的温度频率法（BIN 法），将数据从最小值到最大值排序，并以相同间隔分组，取每组温度的平均值为自变量、热感觉投票值的平均值为因变量，再进行回归分析。

2　调查结果与分析

2.1　室内热环境实测

当地民居夏天均采用自然通风，冬季使用煤火炉和电火炉采暖。夏季实测结果：室内空气温度 20.9～32.6 ℃，平均温度 25.9 ℃；相对湿度 41.5%～88.0%，平均值为 63.2%。冬季采暖后，实测结果：室内空气温度 3.4～16.5 ℃，平均值为 9.9 ℃；相对湿度 32.4%～92.2%，平均值为 63.1%。

2.2　居住者对室内热环境的评价

1.热感觉投票

夏季热感觉投票值频率分布如图 2 所示，有 53.9% 的受试者感到适中。绝大部分（90.0%）的受试者选择"有点凉""适中""有点暖"，仅有少部分（10.0%）的受试者选择"凉""暖""热"。居民对于住宅室内的热感觉评价较为愉悦，绝大部分受试者可以接受。

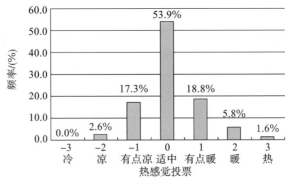

图 2　夏季热感觉投票值频率分布

（作者自绘）

冬季热感觉投票值频率分布如图3所示,有49.0%的受试者感到"适中",25.5%的受试者感到"有点凉"。大部分(83.2%)的受试者选择"有点凉""适中""有点暖",少部分(16.8%)的受试者感到"冷""凉""暖"。冬季均使用采暖措施,居民对室内热环境评价较为愉悦,大部分受试者可以接受。

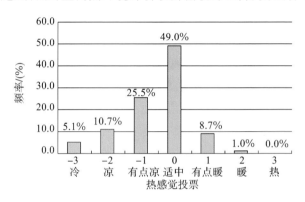

图3　冬季热感觉投票值频率分布

(作者自绘)

2.热感觉模型

MTS(mean thermal sensation)表示人体在某一温度范围的热感觉平均值。运用BIN法,将操作温度以0.5 ℃为步距进行分组,对每组热感觉投票值的平均值及其对应的温度进行加权回归分析。可见居民的平均热感觉与室内平均操作温度呈良好的线性关系,见式1和式2,得到热感觉模型如图4所示。

夏季:　　　　$MTS = 0.229t_0 - 5.953 (R^2 = 0.851)$　　　　　　式1

冬季:　　　　$MTS = 0.164t_0 - 2.163 (R^2 = 0.849)$　　　　　　式2

3.室内热舒适阈值

热中性温度按照平均热感觉投票值MTS=0计算,表示居民既不感觉热也不感觉冷的最适中的温度,算出夏季热中性温度为26.0 ℃,冬季为13.2 ℃。

可接受的温度范围是指80%的居民感到舒适的室内温度范围,采用两种方法计算。一是回归方程:ASHRAE规定居民可接受的温度上限和下限对应的MTS值分别为0.85和-0.85,代入式1、式2,求得当地居民夏季可

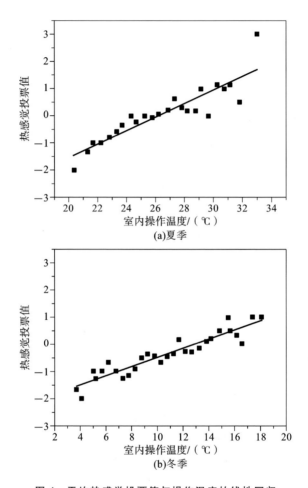

图 4　平均热感觉投票值与操作温度的线性回归

接受温度范围是 22.3～29.7 ℃,冬季是 8.0～18.4 ℃。二是通过投票计算:将每组内不可接受人数与其对应的温度平均值进行 Probit 回归,如图 5 所示,求出夏季可接受温度范围是 22.1～29.7 ℃,冬季可接受的温度是 8.2～18.4 ℃。两种结果基本一致,取平均值,夏季可接受温度范围是 22.2～29.7 ℃,冬季可接受温度范围是 8.1～18.4 ℃。

　　4. 热偏好温度

　　热中性温度并不总是当地居民最期望的条件,热偏好温度反映居民对

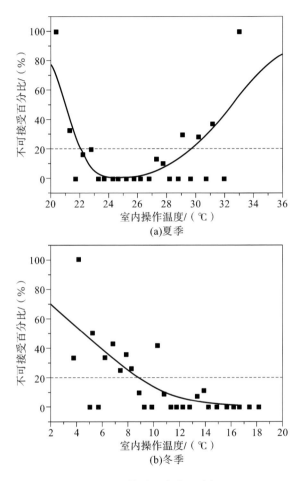

图5 可接受温度范围分析

室内环境的期望值。统计投票数据,每组期望更凉或更热的受试者所占比例,进行 Probit 回归,如图 6 所示。居民的夏季热偏好温度为 25.8 ℃,冬季为 15.6 ℃。夏季的热偏好温度比热中性温度低 0.2 ℃,相差不大;冬季热偏好温度比热中性温度高 2.4 ℃,表示冬季居民希望温度更高。

5. PMV 与 MTS 对比

根据现场调查数据计算,预测值 PMV 与实测值 MTS 的比较如图 7 所示。回归结果见式 3、式 4。

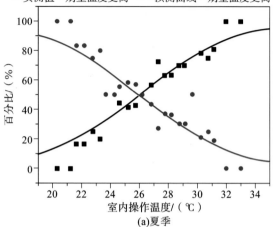

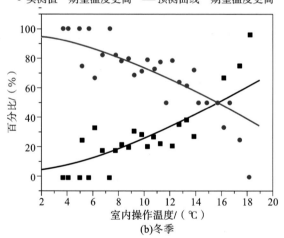

图 6　热偏好温度分析

夏季：　　　　　$PMV = 0.363t_0 - 9.672(R^2 = 0.945)$　　　　　式 3

冬季：　　　　　$PMV = 0.130t_0 - 2.417(R^2 = 0.916)$　　　　　式 4

可见 PMV 模型和 MTS 模型存在较大偏差。对比热中性温度，夏季的预测热中性温度为 26.6 ℃，略高于实测热中性温度 26.0 ℃；冬季预测热中性温度为 18.6 ℃，远高于实测热中性温度 13.2 ℃。可以看出 PMV 模型大

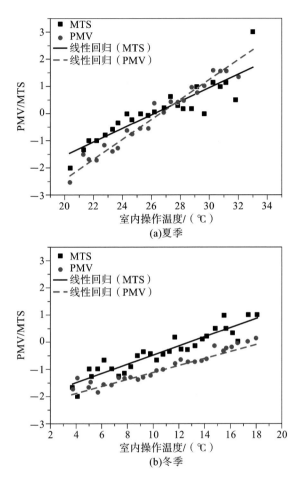

(a)夏季

(b)冬季

图7　PMV模型与MTS模型的对比

大低估了冬季居民对室内环境的实际承受能力。

6.湿感觉分析

(1)相对湿度对湿感觉的影响。

夏季当地居民感到既不干燥也不潮湿的中性相对湿度为51.2%。如果将湿感觉投票值在−1(有点潮湿)和+1(有点干)之间认为是人们对潮湿度可接受的范围,那么当地居民夏季可接受的湿度上限可达到79.3%。在冬季,中性相对湿度值为57.2%,可接受的湿度上限可达到74.8%。

（2）相对湿度对热感觉的影响。

夏季,较高的相对湿度会使居民产生湿热感,而造成热不适,相对湿度小于 50%、为 50%～70%、大于 70% 时,对应的热中性温度分别为 27.4 ℃、26.2 ℃、25.2 ℃,可见降低相对湿度可以降低居民的热中性温度,缓解炎热感。冬季,相对湿度小于 50%、为 50%～70%、大于 70% 时,对应的热中性温度分别为 11.4 ℃、11.8 ℃、13.5 ℃,因此降低相对湿度可以缓解寒冷感。

3　讨　　论

笔者选取了部分其他地区乡村住宅热舒适的研究进行汇总,夏季热舒适研究成果见表 3,冬季热舒适研究成果见表 4。

表 3　夏季热舒适研究成果汇总

（作者自制）

地区	室内平均温度/℃	热工分区	回归方程式	热中性温度/℃	80%可接受温度范围/℃	期望温度/℃	服装热阻/clo
鄂西南	$25.9(t_a)$	夏热冬冷	$MTS=2.229t_0-5.953$	$26.0(t_0)$	$22.1\sim28.8(t_0)$	$25.8(t_0)$	0.44
湘北	$31.3(t_0)$		$MTS=0.203t_0-5.423$	$26.7(t_a)$	$22.5\sim30.9(t_0)$	—	0.31
上海	$31.0(t_a)$	夏热冬暖	$MTS=0.360t_0-10.730$	$29.8(t_0)$	$25.3\sim31.0(t_0)$	$28.5(t_0)$	0.30
潮汕	$30.6(t_a)$		$MTS=0.324t_0-8.661$	$26.7(t_0)$	$24.1\sim29.4(t_0)$	$25.8(t_0)$	0.27

表 4　冬季热舒适研究成果汇总

（作者自制）

地区	室内平均温度/℃	热工分区	回归方程式	热中性温度/℃	80％可接受温度范围/℃	期望温度/℃	服装热阻/clo
鄂西南	9.9(t_a)		MTS＝0.164t_0－2.163	13.2(t_0)	8.0～18.4(t_0)	15.6(t_0)	1.67
南阳	6.6(t_0)	夏热冬冷	MTS＝0.0829t_0－0.8112	9.8(t_0)	下限 6.6(t_0)	14.5(t_0)	1.80
上海	5.7(t_a)		MTS＝0.237t_0－2.922	12.3(t_0)	9.9～15.5(t_0)	11.25	1.87
黔东南	10.7(t_0)		MTS＝0.097t_0－1.391	14.3(t_0)	6.5～21.2(t_0)	16.5	1.58

　　乡村住宅绝大部分是自然通风,热环境受当地气候影响较大,乡村居民的热舒适水平具有一定的地域性,表明居民具有一定的气候适应性。此外,即使是同一气候区内居民热舒适需求也有较大差异。综合冬、夏两季看,鄂西南的乡村居民相比同属夏热冬冷地区的湘北、上海等地区的乡村居民,夏季可接受温度范围上限最低,冬季可接受温度范围下限则较高,仅低于上海。闫海燕等人发现乡村居民冬季的热中性温度随着纬度降低有升高的趋势。鄂西南纬度介于南阳和黔东南之间,其热中性温度 13.2 ℃也介于南阳的 9.8 ℃和黔东南的 14.3 ℃之间,两个研究结论吻合。各地居民的夏季热期望温度相比热中性温度都更低,冬季热期望温度比热中性温度都高,说明居民对室内热环境仍然有更舒适的需求。

　　张宏等人发现,在热湿气候区,影响热舒适的主要需求是降温,湿度并不是显著因素。鄂西南地区也类似,居民对冬季取暖的要求大于对湿度的

要求。冬季烤火取暖也降低了室内湿度,所以更淡化了湿度要求。

基于前文得出的热舒适阈值,笔者对两种典型住宅的室内热环境进行评价,结果发现:夏季较为舒适,常用空间均有 60% 以上的时段可满足热舒适要求;冬季热环境较为恶劣,无采暖的房间均不能满足要求。所以鄂西南乡村住宅室内热环境优化的重点是冬季的保温,适当兼顾夏季防热。

当地民居冬季室内热环境欠佳有两方面原因:一方面,鄂西南冬季太阳辐射较少,部分民居的朝向、窗墙比和屋顶出檐设计不合理,导致建筑得热较少;另一方面,单层木板墙过于轻薄,缺乏保温构造,气密性较差,导致热量损失过多。在建筑设计层面,可以通过增大冬季的室内太阳得热、提高外墙和屋顶的保温性能、选择适宜的住宅朝向、确定合理的窗墙面积比、改善气密性等方式来提高住宅的室内热舒适水平。

4 结 论

本文通过冬、夏两季的室内热环境实测和问卷调查,对鄂西南乡村传统民居进行分析,得到以下结论。

(1)鄂西南传统民居夏季的室内温度为 20.9～32.6 ℃,平均值 25.9 ℃;冬季室内温度为 3.4～16.5 ℃,平均值为 9.9 ℃。居民夏季的热中性温度为 26.0 ℃,可接受温度范围是 22.3～29.7 ℃;冬季的热中性温度为 13.2 ℃,可接受的温度范围是 8.0～18.4 ℃。

(2)居民的热偏好温度和热中性温度有一定偏差,夏季热偏好温度为 25.8 ℃,比热中性温度低 0.2 ℃;冬季热偏好温度为 15.6 ℃,比热中性温度高 2.4 ℃。

(3)传统民居室内热环境亟待改善,重点是冬季的保温,适当兼顾夏季的防热。

参考文献

[1] 李井永.建筑物理[M].3 版.北京:机械工业出版社,2016.

[2] 罗明智,李百战,郑洁.人体热适应性与热舒适[J].制冷与空调,2005

(1):77-80.

[3] 王昭俊.现场研究中热舒适指标的选取问题[J].暖通空调,2004(12):39-42.

[4] DE DEAR R J,BRAGER G S. Developing an adaptive model of thermal comfort and preference[J]. ASHRAE Transactions,1998,104(1):73-81(9).

[5] INDRAGANTI M,OOKA R, RIJAL H B. Thermal comfort in offices in summer:Findings from a field study under the "setsuden" conditions in Tokyo,Japan[J]. Building and Environment,2013,61:114-132.

[6] DE DEAR R J,LEOW K G,Foo S C. Thermal comfort in the humid tropics:Field experiments in air conditioned and naturally ventilated buildings in Singapore[J]. International Journal of Biometeorology, 1991,34(4):259-265.

[7] 杨柳,杨茜,闫海燕,等.陕西关中农村冬季住宅室内热舒适调查研究[J].西安建筑科技大学学报(自然科学版),2011,43(4):551-556.

[8] 金玲,孟庆林,赵立华,等.粤东农村住宅室内热环境及热舒适现场研究[J].土木建筑与环境工程,2013,35(02):105-112.

[9] 夏一哉,赵荣义,江九.北京市住宅环境热舒适研究[J].暖通空调, 1999,29(2):1-5.

[10] 李晓峰,谭刚毅.两湖民居[M].北京:中国建筑工业出版社,2009.

[11] ASHRAE. Thermal environmental conditions for human occupancy: ASHRAE Standard 55—2013[S]. Atlanta:ASHRAE Inc,2013: 11-13.

[12] ISO. Ergonomics of the thermal environment:Instruments for measuring physical quantities:ISO 7726-1998[S]. Geneva:International Standards organization,1998.

[13] ISO. International Standard 7730:Moderate thermal environments—Determination of the PMV and PPD indices and specification of the conditions for thermal comfort:ISO 7730-2005[S]. Geneva:

International Standards Organization,2005.

[14] 陈慧梅,张宇峰,王进勇,等.我国湿热地区自然通风建筑夏季热舒适研究——以广州为例[J].暖通空调,2010,40(2):96-101.

[15] 张齐,张其林.上海地区村镇住宅热环境与热舒适度研究[J].四川建筑科学研究,2014,40(5):297-301.

[16] 闫海燕,李道一,李洪瑞,等.南阳农村民居建筑冬季室内人体热舒适现场研究[J].暖通空调,2018,48(3):91-95.

[17] 张宏,曹彬,刘锦红,等.热湿气候区远海岛礁自然通风建筑热舒适实验研究[J].暖通空调,2019,49(8):11-17.

井式空调试验[①]

1 背　　景

　　武汉市洪山区青菱乡横堤村,现有水井 84 口,通自来水后全部废弃,村里计划将废井全部填上。我们建议实现废弃水井再利用,若有保护地下水的要求可封井,但不填井,而是利用废弃水井改造低能耗、不消耗地下水的"井式空调"。现有水井若能改造为 84 个井式空调,一个夏天全村就可节电约 3 万千瓦时。武汉市新农村建设通自来水后,2087 个村有废弃水井 16 万口,4 个夏天可节电约 6000 万千瓦时。图 1 为青菱乡横堤村规划图。图 2 为井式空调工作示意图。

图 1　青菱乡横堤村规划图

　　①　感谢助教张乾,经鑫、刘霓、葛锐、佘冉、何文芳、黄微等学生志愿者。实验时间:2007 年 8月。

井式空调工作示意图
（全称：新农村小型同井回灌地源环保空调）

建造成本低，采用较低建造技术，适合在农村广泛推广，
利用地热，节约能源。
利用井回灌地下水，不破坏环境。

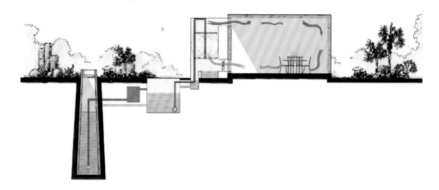

图 2　井式空调工作示意图

2　实 验 目 标

(1)成本：2000 元以内。

(2)获得的性能：相当于一个 3 匹空调的制冷性能。

(3)能耗：总功率 0.344 kW。

3　施 工 过 程

施工过程如图 3 所示。

图 3　施工过程图

4　运 行 测 试

测试结果如下。

(1)系统利用井水给室内降温实现热交换,这一过程是相当成功的,平均出风温度比井水温度仅高 3 ℃,室内温度比使用前低 5 ℃(图 4)。

(2)自动控制系统可以很好地完成抽排水及水循环控制,但是控制元件稍显脆弱,应予以加强,以适应农村较为恶劣的自然环境。

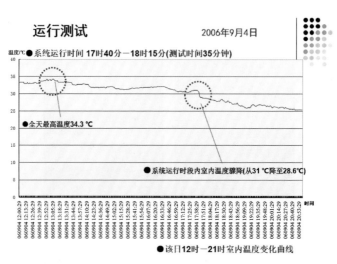

井式空调试验（加自测加换热量）1

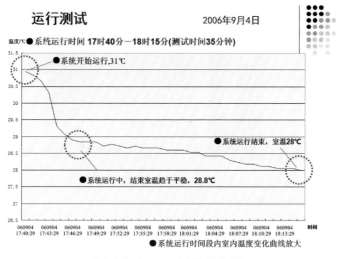

井式空调试验（加自测加换热量）2

图 4　运行测试

(3)系统耗电量很少,平均 0.3 kW·h。

(4)保温效果很好,蓄水池热量散失缓慢。

228

5 主要问题及原因分析

室内降温速度较慢原因如下。

(1)房间密封不好,房间热损失很大。

(2)井深不够,因水量限制,初次循环耗时较长。

(3)初次运行需要平衡其结构蓄热。

热交换量的数据见表1。

表 1 热交换量的数据(计算根据 9 月 17 日测试数据)

类　　型	温度/ ℃
室内初温	32
井水温度	20
水池水温	21
出风温度	23
室内温度	28

运行测试如下。

通过每小时空气换热量进行计算

$$Q=CMAT$$

换热量 $Q_{空气}=C_{空气}M_{空气}AT$

$$=1.4 \ J/(g \cdot ℃) \times 1293 \ g/m^3 \times 1000 \ m^3 \times 8 \ ℃$$

$$=1.45 \times 10^7 \ J$$

换热功率 $P = Q_{空气}/T = 1.45 \times 10^7 \ J/3600 \ s = 4.022 \times 10^3 \ W$

比较:我们通常使用的 2 匹的空调换热功率约为 3500 W。

武汉治堵方略①

无论于国家层面还是区域范围,武汉的发展都举足轻重。当前武汉虽然建设势头迅猛,但也带来了严重的"城市病"——交通拥堵。当前的雾霾天气形成原因部分是汽车尾气排放量过大。交通拥堵既是技术问题,也是经济问题、社会问题。武汉市城市结构独特,道路网络等方面存在问题,因此交通拥堵问题难以治理。本提案提出以下三个策略。

(1)水网补路网——发展水上公交,体现"百湖之市"特色。

(2)优化自驾与公交网络衔接——天桥式停车场。

(3)交通工具小型化、低碳化——优化电动车,取消"禁摩令"。

1 治堵方略一:水网补路网——发展水上公交,体现"百湖之市"特色

1.1 武汉特色定位

武汉虽然各项经济指标都在全国居于前列,但发展似乎遭遇瓶颈,没有重大突破,归根结底还是缺乏特色营造。武汉无论从地理区位、空间布局、历史沉淀还是地域元素上都不缺乏特色。故如何重塑和定位武汉的发展特色成为关键(图 1)。而这个因水而生、因水而兴的城市,最大的特色仍然是水体。联合国环境规划署通过数年的调查研究,指出影响武汉可持续发展的关键环境因素就是水环境问题。中国工程院院士何镜堂、程泰宁,清华大学景观系 Handerson 教授等学者来武汉考察交流,也均认为对武汉未来发

---

① 本文"治堵方略一:水网补路网——发展水上公交,体现'百湖之市'特色"改写自刘小虎指导、余辉撰写的硕士论文。天桥式停车场的创意由贾济东教授联合提出。成稿时间:2013 年 1 月。

展影响最大的一环就是如何激活庞大的水体。

图 1　现今的武汉城市建设

1.2　武汉与水

武汉亦称"江城""百湖之城",足见其水资源丰富。武汉以长江为主水系构成庞大水网,湖泊众多。水域面积达 21.87 万公顷,占全市总面积的 25.6%,居全国大城市之首。

1. 水资源特色的危机

水资源的优势并没有为武汉带来发展优势,反而产生些许障碍。因水而兴的武汉现在却处于"优于水而忧于水"的尴尬境地。武汉水体营造与上海、香港亲水城市如图 2 所示。

(1)自然水体与城市建设机械"拼图"。武汉素有"百湖之城"美称,而湖面没有与城市生活融合,仅成为一道摆设,空旷的湖面作为旅游景点也并无太多亮点。

(2)历史风貌丧失。过去的武汉千帆争渡,现在市民所见的船只数量极少,而且档次低,反而为景观构建带来负面效应。

(3)对滨水环境的控制力较弱,不用便会破坏。近年武汉主城区湖泊水

图 2 武汉水体营造与上海、香港亲水城市

体面积锐减、质量恶化,给城市形象的良性转变带来不利影响。

(4)湖面阻碍了路上交通的便捷性。架桥、修坝、填湖等活动遇水交通问题难以解决,带来不可逆的阻隔和破坏。

以上危机让武汉的水体全面利用变得十分紧迫。针对这些问题,笔者认为打造水上公共交通非常具有前瞻性和先进性。

2. 水上交通发展的作用

(1)"堵城"治堵。目前武汉民众抱怨最多的城市问题就是日益拥堵的交通状况:上下班高峰期城区机动车均速仅为 10～15 km/h,而在 2012 年"十一"黄金周,三环部分路段竟出现大量车辆滞留 7 h 的情况。交通拥堵的主要因素有武汉城市面积大,由于江面、湖面广阔,路网密度不充足,只有减少填湖,实现水陆交通网一体化发展,才能优化行程,缩短出行时间,实现城市低碳发展。

(2)新城市名片。如威尼斯水上交通的城市品牌效益一样,武汉在传承"百湖之城"美誉的同时,发挥当代技术特征,使(太阳能)水上公交成为武汉的新特色和旅游亮点,并真正融入市民的生活。借助科技领先的水网交通提升城市形象,打造城市品牌。

(3)保护水网。对水网的积极利用不仅可避免恶性开发对湖面的进一步占用,而且可带动滨水区域开发建设。

西湖与杭州相依 2000 余年,可以说西湖文化就是杭州文化。上海总是处于中国历史潮流的风口浪尖,其形成的外滩文化就是海派文化。而武汉经过水上交通的经营,也一定会再现千帆争渡之景,从而打造属于自己的"百湖文化"。

3.水上交通发展的可行性

交通发展最主要的要素就是安全、经济、舒适。水上交通衰退的原因是地面交通的迅猛发展,其次是自身速度较慢、不方便换乘、无价格优势、受自然因素影响较大等。然而以上发展困境完全可通过设计、技术和政策手段加以解决。同时武汉的水上交通建设还具备以下可行性。

(1)充沛的水资源环境和发展环境。武汉湖泊众多,根据大东湖水网互通的战略构想,具有连片成网的可能性。武汉市仍处于整体大规划建设时期,轨道交通也正在兴建,均具有可调节性,这使得水(水上和水下)陆(地面和地下)交通联网建设有实现的可能。

(2)广阔的市场潜能。交通是社会发展过程中的持续需求,交通投资将会有丰厚回报。而且武汉水上交通几乎是空白的,几乎为无竞争的"蓝海"项目。且可将水上及滨水区域的项目与水上交通建设项目打包开发,进行综合水资源的招商引资,使其发展和运营充满吸引力,具有可持续性。

(3)系统的一体化。通信的迅猛发展使得各部门如交通、能源、船舶、规划、建筑、管理等与低碳水上交通建设进行关联整合成为可能,综合后的大系统能使水上交通发展的效率和效益最大化。

(4)成功的案例。水上交通历史悠久,且仍在许多地区有很好的发展。

如威尼斯、东京、哥本哈根等现代化城市的水上交通都十分活跃,并且各具特色,有许多经验可供参考(图 3)。

图 3　哥本哈根水上交通成为城市靓丽风景

(5)景观特色。水上交通的视野开阔,沿途景观有观赏性,乘客有较好的舒适性和愉悦感,并且还具备综合的承载力(可以同时载搭非机动车、两轮机动车),这使得多交通工具的连续使用具备可实现性,能吸引更多人选择这种出行方式。

1.3　水上交通系统建立

水上交通必须具备完整复杂的系统才能够真正发挥应有的作用,需建立水上快、慢速交通系统,水上私人、公共交通系统,并通过智能信息管理系统进行统一管理和协调。同时,还要衔接水陆交通系统,包括转换枢纽的位置确定和设计等。

1.水上交通网络(water transit system,WTS)

(1)水上交通智能管理系统(water transit intelligent management system,WTIMS)。

水上交通智能管理系统是整个水上交通运输的核心，协调管理各项子系统，包括安全管理（船体安全、防灾安全、航线安全、码头安全）、时间管理（各类船只的开收班时刻、到站时刻、停留时刻、运行速度）、吞吐量管理（人流量、车流量、货物流量）、协调管理（调度时间、船只、人员、运输量、航线、停靠点、水面停靠区域）、能耗管理（电能、油量消耗，清洁能源利用，节能系统运行）、经济管理（交通收入支出动态观测、评估，滨水附属项目开发，经营状态监控）。

（2）水上快速交通系统（water rapid transit system，WRTS）。

水上快速交通系统主要为人们提供日常交通服务，其载客量和载客次数均最多。水上快速交通系统以水上巴士为主要交通工具，以载客量进行级别分类（微型 20～30 人、小型 40～50 人、中型 60～80 人、大型 100 人以上），时速控制在 30～40 km/h，一般在规定枢纽码头停靠。站数控制在 5～10 站（除个别距离超过 12 km 的一站式运输），每站距离为 3～5 km。一般班次在上下班高峰期（7：30—9：00、11：00—14：00、17：00—19：00）为 5～10 min 一趟，其余时间段为 15～30 min 一趟。航道优先考虑所有水上交通系统，并通过区域及武汉整体水上交通系统进行调配。

（3）水上慢游交通系统（water slow transit system，WLTS）。

水上慢游交通系统主要为游客和城市居民休闲娱乐提供交通。水上慢游交通系统的属性决定了该系统各项指标控制较为灵活，船体规模无具体限制，可为小型木船、快艇、大型游轮。其速度灵活性较大，为 10～30 km/h。停靠码头也较为灵活，可停靠在转换枢纽的私人码头、货运码头甚至快速交通码头（但均需经总调度批准），也可停靠在沿水系布置的专门码头上。目的地可为生态岛、水上乐园、分支水湾等，或在此进行各种水上活动，如野炊垂钓、棋牌娱乐、餐饮茶座、体育健身等。但整体运行必须在规定区域范围内和既定航道上行驶，以免影响其他船只航行。

（4）精明出行计划（smart travel，ST）。

德国轨道交通为城市居民提供详尽信息（包括转站站点、达到时刻、所需时间、乘坐班次）（图 4），武汉也可为居民出行配置"智能交通宝"。根据天气、节假日情况、交通运行状态、当事人所在位置等各种因素综合解析，为出行的人提供便捷出行建议。

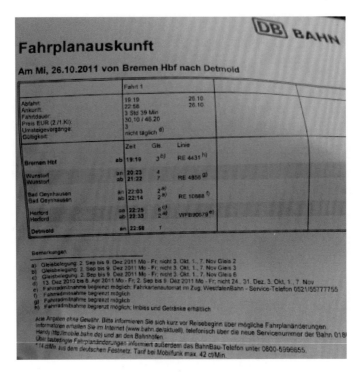

图 4　德国轨道交通详细信息表

2. 水陆交通网系统无缝衔接(water transit&land transit,WT&LT)

武汉现规划以自行车、电动车、私家车、出租车、公交和地铁等工具为出行方式的陆地交通系统为主,而建立水上交通系统的目的在于减缓陆地交通压力,将陆地交通量分流出来,其关键问题为两种交通系统如何实现无缝衔接,保证交通量能自动、持续地转移,以使水上交通建设具有实际意义。

一体化规划统一设计水陆交通的道路、路线、时间、节点安排。道路综合建设,即保证陆地四大导向交通[路上步行导向发展(people-oriented development,POD)、自行车导向发展(bicycle-oriented development,BOD)、公交导向发展(transit-oriented development,TOD)、小汽车导向发展(car-oriented development,COD)]能顺畅便捷到达水陆交通转换枢纽。枢纽设计室外部分包括与人行道的衔接和人流疏散空间布局,专项自行车和电动车引道及停车位,机动车引道及停车位,与公交车站、地铁站的衔接等设计。室内功能空间包括咨询台、等候厅、调度室、设备室和辅助用房等。水面营造包括各专项码头规划设计、船只避风港和检修港的建设。

3.水上交通的低碳策略(water transit low-carbon strategy,WTLCS)

(1)应以微型、小型水陆转换平台的营造为主。避免建设过多大型转换枢纽,成本高,且不利于灵活移动,无法适应未来发展要求。哥本哈根微型、小型船舶码头如图5所示。

图5 哥本哈根微型、小型船舶码头

(2)采用可变性设计。多用轻型结构,采用铰接、铆接、绑接等构造形式,灵活分隔空间,使用便于拆卸的设施及设备。

(3)运用节能材料。多采用竹、木、芦苇等区域可再生材料,多次利用复合材料,如废弃的轮胎、木条、金属构件和砖块等。哥本哈根码头如图6所示。

(4)使用新能源。建立太阳能游艇体系和天然气渡船体系。利用风能和水动能进行能量转换,并入智能能源微网,一般性用水,如清洗、夏季降温等利用中水系统。

(5)鼓励低碳出行。一般性船体应保证一定数量的自行车和电动车的运载空间,特殊性船体设计应考虑机动车的运载,以避免换乘不便,节省交通工具的陆地停靠空间,并降低安全风险。荷兰水上交通船体夹板空间如图7所示。

图6 哥本哈根码头	图7 荷兰水上交通船体夹板空间

（6）立体绿化。由于武汉夏热冬冷的气候特点，交通枢纽及交通工具应采取植物遮阳措施。交通枢纽主要依靠高大树木、可再生材料编织物、屋顶绿化、生态停车场和室外灰空间处理等方式应对气候条件。船体可考虑利用绳索外挂藤条式轻质植物以避免船体过重给航速和能耗带来负担。取季节性植物和轻巧灵活的构件，夏季可利用茂盛的绿植遮挡阳光，冬季植物凋落时可移动植物方位使阳光进入。

1.4 效益分析

1. 交通整体层级提升

水上交通发展最直接的效益就是带来城市交通整体水平的升级。

（1）减轻陆地交通压力。武汉市水域面积广阔，水上交通的发展将激活滨水地块的活力，区域影响范围会扩大，居民数量会不断增多，这样不仅可降低对陆地交通的依赖，还使人们出行及生活方式多元化。

（2）交通便捷，节能减排。这主要体现在行程时间、距离的缩短和能耗降低上。陆地公共交通市区均速为 $15\sim20$ km/h，水上交通由于几乎无交通灯和拥堵停滞，航速可达到 $20\sim25$ km/h。同时水上交通与陆地交通相比，无须因自然或人为等阻碍而严格按照道路轨迹行驶，也可在一定程度上缩短行程。英国由相关数据估算 RT（陆地快速公交系统）能耗为 1.2 MJ/(p·km)，PRT（陆地私人快速公交系统）能耗为 0.55 MJ/(p·km)。而 WRT（水上快速公交系统）及 WPRT（水上私人快速公交系统）能耗约为陆地同类系统的

70%～80%。水上交通可便利使用清洁能源(小型水力、风力和太阳能发电)及中水系统,整体能源体系更为低碳。

(3)建立城市大水上交通网。水上交通可以逐步形成环联网系统。初步规划构想可形成四大水系交通网络圈,分别为汉阳水系交通圈(包括龙阳湖、三角湖、知音湖、天鹅湖、南太子湖、墨水湖、小塞湖、小岔湖等)、东湖水系交通圈(包括东湖、杨春湖、沈家湖、严西湖等)、汉口水系交通圈(包括金银湖、盘龙湖、西寨湖、黄塘湖等)、武昌水系交通圈(包括南湖、汤逊湖、野芷湖、黄家湖、青菱湖等),每单一水系圈先建设航道,使区域内部水体连通,并与区域陆地交通相连接。四大水系交通通过长江、汉江两条城市主水系进行连通,与城市内外航道及整体陆地交通形成统一联系。

2.对城市发展的联动效应

交通建设的主要动力和成效就是拉动沿线及周边地区发展,水上交通也是如此。

(1)激活滨水地域性社区的营造。

近代武汉市均沿长江、汉江两岸建设,但随着城市发展逐渐向陆地纵深扩张后,原沿江区逐渐没落,并成为城市建设难题。水上交通的重塑使原"断路"变成通路。交通人流、车流、物流必然带来滨水区域商业、餐饮业、旅游业的发展,滨水社区有了重塑辉煌的可能性。沿江区发展通过政府引导,水上交通运营集团对滨水区域重新进行整体规划(拉直与水系相接道路,减少交通量并使江面风可通过此通道进入城市,改善小气候),升级设施,就地还建,引入低碳技术、地域性设计(建设新里弄社区,重塑武汉特色生活模式,并尝试将水系引入社区,与建筑物相关联,重构行为方式,真正形成滨水特色,如图8所示)等,进行综合性营造,使其重新焕发活力。

(2)营造滨水地方建筑。

滨水建筑是滨水社区最基本的单元体,滨水建筑不应发展为高层住宅,应以底层和多层住宅为主,建筑间采取紧凑型布局可相互遮阴,采用坡屋顶或者架空屋顶可保证保温隔热功能,建筑立面、屋顶及内部道路上空可多做绿化,尽量采用外遮阳构件和深挑檐,东西向均不开大而浅的洞口(图9)。

图 8　水系引入构想　　　　　　　　图 9　滨水建筑

（3）带动滨水低碳景观建设。

人气的聚集使滨水低碳景观有了发展空间,此类营造有许多成功案例:Arup(奥雅纳工程顾问,英国老牌综合型设计公司)通过水系旁自然湿地与人工硬地的结合处理,以及太阳能、风能路灯等来诠释低碳景观理念(图10)。荷兰鹿特丹利用废弃的水上交通工具构件构成滨水小品(图11)。荷兰水上居住事务所考虑到城市增加额外公园区较困难,提出"海树"概念,以高密度的城市绿色斑点为动物群提供栖息地。该营造技术与油储水塔相当,已十分成熟,完全可实现(图12)。

图 10　城市滨水低碳景观　　　　　图 11　荷兰鹿特丹滨水小品

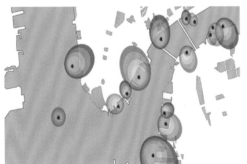

图 12　滨水"海树"低碳景观平面图及效果图

3.新兴产业链的带动

水上交通不仅可促进传统的旅游业、商业发展,同时也会形成新兴产业链。如英、美等国均利用"二战"后废弃的潜艇、水陆两栖船、退役军舰等作为城市观光旅游项目,且非常受欢迎。而我国也存在许多此类淘汰的或废弃的水上舰艇,完全可军用转民用再次利用。同时可在不影响交通航道的水域范围内开辟水上商业特区,利用淘汰的船体、灯塔、游轮等"水上浮动岛"作为特区载体:可提供水上住宿、休闲娱乐、减税购物等空间。武汉水系旁的大片芦苇荡极具滨水自然特色,以前由于交通不便,基本无人观赏,现也可进行策划营造。荷兰小孩堤防风车群(图13),几乎无人工痕迹,仅将自然的植被、航行水系和规划的简单路径相结合,既可驾船穿梭其间,也可进行摄影、骑行、漫步、春游等郊野特色(非城市空间)体验活动。

图 13　荷兰小孩堤防风车群景观图

4.城市新品牌的建立

武汉的水资源影响力远不及威尼斯(图14),归根到底是因其水体品牌影响力未形成。而作为未来智慧城市的武汉,完全有可能利用已有科技、人才、资金和政策资源建立现代低碳的水运交通,产生新时代的新气象,打造新江城品牌。武汉不仅有灵动的水体,还有秀美的山体,山水园林城市是其发展方向。在陆地区域"显山露水"很难实现的情况下,完全可以借助水上交通使人们穿梭于城市的山水之中,以体会步移景异、空间形态无穷变化的武汉独特城市魅力。

图 14　威尼斯水城景观

2　治堵方略二:优化自驾与公交网络衔接——天桥式停车场

2.1　建设立体停车系统的必要性

截至 2011 年 8 月底,中国机动车保有量达到 2.19 亿辆。据预测,在 21 世纪 30 年代中后期,中国汽车保有量将超过 10 亿辆。按照现在的停车面积算,每辆车停车位加上公摊面积需 40～50 m²,届时,停车所需要的土地面积将为 400 亿～500 亿平方米。Parking Man 总裁 Steve Shannon 说:"每辆车都需要三个车位,家里一个,单位一个,外出一个,要满足所有这些车位要求实在很难。"

汽车数量的增长更显现出"买车难,停车更难"的问题。按照国家标准,百辆机动车应设有 15～18 个停车位,而很多城市却只有 3～5 个,不及国家标准的三分之一。随着城市化进程的不断加速,城市土地寸土寸金已经成为不争事实,为了节约土地,立体停车库不断建立,并成为解决停车难题的手段。目前,立体停车库在国内遍地开花,特别集中在北京、上海、江苏、浙江、广东、重庆等地。"停车经济"蕴藏着巨大商机,在商场、写字楼、住宅小区等车辆停放密集区均可投资建设立体停车场,市场前景值得期待。

2.2 立体停车系统建设的优势

1.高效的技术经济指标

自动立体停车库停车容量大,占地面积小,可停放各种类型的车辆,特别是轿车,而投资却比同等容量的地下停车库少。自动立体停车库施工周期短,耗电量小,占地面积也远比地下停车库少。

(1)占地面积较小,空间利用率高。一般情况下,其占地面积约为平面停车库的 1/25～1/2,空间利用率比建筑自走式停车库提高了 75%。

(2)造价低。机械式停车设备每个车位投资 1.5 万～8 万元,而建筑自走式停车库每个车位的造价约为 15 万元。

(3)存取快捷,一般一次存(取)车时间不超过 120 秒。此外在防盗性、防护性和改善市容环境等方面都具有优越性。

2.外观同建筑协调,管理方便

自动立体停车库适合商场、宾馆、办公楼前和旅游区。在老式独具风格的建筑物前,可采用优质合金材料及新型装饰材料。

许多装置基本无须专门的操作人员,一个司机就可单独完成。

3.完备的配套设施及绿色环保

自动立体停车库具有完整的安全系统,如障碍物确认装置、紧急制动装置、防止突然落下装置、过载保护装置、漏电保护装置、车辆超长及超高检测装置等,如果用于公共场合,还可配计时装置,满足收费要求。存取过程可人工完成,也可配备计算机设备全自动完成,这也给今后的开发设计留有较大空间。

车辆在存取过程中只在极短的时间内低速行驶,噪声小,排气量少。

4.各类停车库的优缺点

各类停车库的优缺点见表1。

表 1　各类停车库的优缺点

平面式停车库	地下平面式	地下停车场设于各个建筑的地下空间	占地面积大,浪费空间资源
	地上平面式	地上停车场,以固定停车场或路边停车场为主	
立体式停车库	自行式	自走式停车库	安全性低,启、停车耗时长
	半自动式	机械式停车库	
	全自动式	两层或多层平面式全自动立体停车库	占地面积小,合理利用空间,安全性高,取车方便
		竖向密集型全自动立体停车库	
		特殊造型结构全自动立体停车库	

2.3　全新的停车方式——天桥式停车系统

本文提出的天桥式停车系统(图 15)是一种全新的停车方式,属于升降横移类,但建设思路在国内属于首创。它架于城市道路之上,通过道路两侧的升降系统进行车辆的停放。建议设置在城市地铁出入口及公交换乘集中处。其优点如下。

(1)相对传统的其他停车方式,不占建设用地,利用马路上空停车,实现了对现有建设用地的"零占用"。

(2)不需要拆除任何建筑物或破坏城市原有环境体系,故可避免拆迁,阻碍小。

(3)造价低,与造价约 40 万元的地下单位停车位相比,天桥式停车系统的单位停车位造价约 8 万元,仅为地下停车系统投资的 1/5,而且施工方便,修缮更为快捷。

(4)可使自驾车与城市快捷公交系统和地铁系统衔接。现有地铁站和大型公交站附近均没有建设大型停车场的用地,只有天桥式停车场能解决此问题。建立方便的换乘系统才能真正减少私家车的使用,实践低碳出行的理念。

（5）可考虑与人行天桥共同建造，实现设计及功能一体化。通过与人行过街天桥的有机结合，减少行人穿越马路、减轻道路拥堵的状况。

（6）可实现与城市快速公交系统的无缝衔接。目前许多城市快速公交换乘站台设置在道路中间，行人穿越马路危险性大。天桥式停车系统提供更多的天桥，有利于行人避开车流快速到达公交站台。

（7）形成城市景观。该停车体系一般布置在城市的重要交通和商业节点，故外观变现具有很大的挖掘空间，可通过优秀的设计展示城市形象，提升城市魅力。

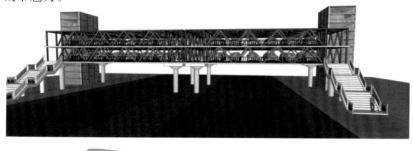

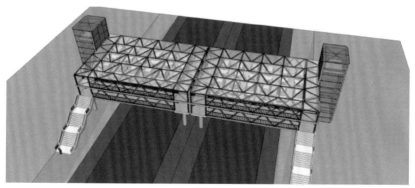

图 15　天桥式停车系统效果图

3　治堵方略三：交通工具小型化、低碳化

参见本书文章《取消禁摩令，扶持电动车——小型化、两轮车是未来的趋势》，此处略。

取消禁摩令，扶持电动车——小型化、两轮车是未来的趋势[①]

随着城市的快速扩张，交通出行已成为影响城市居民生活质量的重要因素，并与能源危机、环境污染、社会稳定等问题密切相关。高度浪费能源的汽车将来会在模式上得到根本改变，被更加节约空间和能源的交通工具取代，例如 PUMA 电动车等。考虑我国国情，应该鼓励并优化廉价且技术适宜的电动自行车。然而，许多城市却对其加以限制。本文从目前《武汉市电动自行车管理暂行办法》的缺陷开始论述，系统分析了我国推广电动车[②]的必要性、优越性和可行性，最后提出了使电动车出行更加便利的一些措施。

1 管理办法的缺陷

2011 年出台的《武汉市电动自行车管理暂行办法》（以下简称《办法》）中的部分条款包括：行驶速度不得超过 15 km/h；在路段上横过机动车道，从人行横道或者行人过街设施推行通过；不得擅自加装电池、雨棚和太阳伞等装置。

对《办法》实施前已购超标车辆，核发有效期为 3 年的临时号牌，期满后不得上路行驶。

对电动车当然要严格管理，但以上条款并不合理。其缺陷在于对电动车的习惯性偏见：电动车有损市容，危害交通安全，不符合时代潮流。《办法》对电动车无疑是排斥的。该有的措施却没落实，比如给电动车办理交通强制险，设置专用车道。

对电动车不应限制，而应鼓励。它最重要的两大优点：节省空间和节

---

① 本文成稿时间：2011 年 12 月。

② 本文的电动车包括电动自行车和电动摩托车。电动车和摩托车都是两轮交通工具，质量轻，机动灵活，节约能源。

能。电动车是拥挤的大城市未来最需要的交通工具。电动车占据的道路、停车面积、单位能耗不到汽车的10％。这直接解决两大问题：道路密度不够带来的拥堵问题和能源问题。这符合低碳社会的要求，符合"两型"社会的要求。而且，按照美国通用汽车和麻省理工学院的联合研究，在未来，两轮车才是最主要的城市交通工具，汽车反而会被淘汰。限制电动车的短视行为不仅不利于两轮车发展，还会导致道路、充电站等基础设施在未来转型中跟不上。

从社会公平角度看，电动车代表弱势群体和年轻人的利益，他们的出行权应该得到保障，他们有对更舒适安全的电动车的选择权。

2 高度浪费的汽车需要根本换代

家用汽车90％的时间停在停车位，一般只坐1～2人，座位浪费严重。这还仅仅是效率低下的部分表现，如果考虑道路、停车场、加油站、尾气排放、政策法规、企业产业链，浪费严重。

在当前的能源形势下，汽车的发展模式必须进行战略性调整。中国的人口数量、能源储备、路网密度、拥堵现状，都决定了我们不能照搬美国人的生活方式。美国麻省理工学院的研究提出：现在的汽车和100年前被发明时的效率一样低下，急需改进。在未来最方便、灵活、节能的就是两轮车，如图1和图2所示。当然这类两轮车并非现在的电动自行车，可以全封闭，再加上智能操纵等高科技手段，现在的汽车被淘汰是必然的。

图1 自动平衡电动滑板车

图2 双轮电动车

3 电动车是中国特色

电动车是适应性强、有高度中国特色的产物，适合中国国情。

3.1 个人交通工具成为生活必需品

在我国城市，上班族平均每天出行时间为 42 min。因此当代城市中交通工具并非奢侈品，而是生活必需品。电动车把活动半径扩大到了 30 km 以上，大多数人可以负担得起，我国的资源环境也能负担得起。

3.2 汽车必须小型化

大城市市区机动车平均时速已降至 12 km。交通严重拥堵的直接原因是汽车数量超过道路承载力。治堵可从提高路网密度、减少汽车数量、汽车小型化、优化管理等方面入手，在老城区提高路网密度往往需要大量拆迁，难度大，也破坏城市历史，因此欧洲的历史城市提倡汽车小型化。想减少机动车数量更不能限制电动车，否则靠电动车出行的工薪阶层，为了上下班和接送孩子也不得不买机动车了。许多人认为电动车影响行车，其实这是由于电动车不遵守交通规则导致的，应该优化管理。

3.3 保证城市居民的生活

我国的城市化至少还会持续 50 年，预计到 2025 年将有 60% 的农村人口成为城市人口，大量的中低收入阶层不断涌入城市。他们薪水微薄，很多人从事服务、物流行业，要依赖电动车生存。城区的社会服务也离不开低收入阶层，比如配送、上门维修等人员，这些活动都离不开电动车。

3.4 能源储备不足

全球石油还够汽车使用 46 年，中国石油还够汽车使用 10 年。采用更加节能的交通工具刻不容缓。电动车比汽车节能 80% 以上，节能是硬道理。

提升电动车舒适安全性、优化出行条件的意义在于，人们可以选择电动车作为交通工具。其中有全(半)封闭摩托车、零排放电动摩托车(图 3)、两轮自动平衡车(图 4)，还有通用公司和 Segway 合作开发的两轮车 PUMA(图 5)以及在世博会上展出的 EN-V 电动联网概念车(图 6)，这些电动车不仅舒适、安全、节能，也非常时尚。

图 3　电动摩托车

图 4　两轮自动平衡车

图 5　两轮车 PUMA

图 6　电动联网概念车

3.5　控制碳排放的国际压力

中国碳排放已经位居全球第一，西方国家向中国施加的减排压力越来越大。鼓励低碳出行固然好，但是社会还要运转，还要追求效率。完全依赖自行车又不可能覆盖快速扩张的城市。因此推广舒适、安全的(半)封闭式二轮电动车是必然趋势。

4　社会公平:关注弱势群体和年轻人的利益

从公民权利的角度来看,城市中依赖电动车生存的弱势群体和年轻人拥有同样的道路使用权。现在的城市自行车道崎岖不平,随时可能被乱停乱放的汽车及占道经营中断。中心城区房价昂贵,低收入阶层只能住在城市边缘,通勤费用对他们来说太贵,上班、买菜、接送孩子只能靠电动车。电动车是他们赖以生存的工具。

从社会稳定角度分析,电动车问题的解决宜疏不宜堵,中国有 1.2 亿辆电动自行车,武汉市有 80 万辆(2010 年 11 月数据,而且以每年接近 20% 的速度增长),强行限制违反民意,因此宜疏不宜堵。

5　电动车国家标准需要改进

武汉全市 556 家经销商,经营的电动自行车品牌 116 种,完全符合国家标准的只有 20 余种,占销售种类的 20% 左右。这并不能说明经销商无视法规,反而说明法规的过时。以下这些标准实在落伍。

(1)必须有脚踏板,能实现人力骑行——靠人力满足不了对效率的要求,在大城市中工作都需要赶时间。

(2)超标电动车只能使用 3 年——使用 3 年的电动车还较新,这会造成很大的浪费。

(3)最高设计车速不大于 20 km/h——完全不符合现代社会的效率要求。

(4)整车质量不大于 40 kg——安全节能才是首选,为什么小汽车质量可以超过 1.2 t。按照汽车和电动车的乘客比,电动车在 300 kg 以下就达到了跟小汽车相同的节能标准。

(5)电动机输出功率不大于 240 W——如果要满足现代城市发展和工作需要,这个数值太保守。

(6)电动车过马路必须推行——是了为安全考虑。

（7）电动车不许带人带货——非常不与时俱进。自行车不让带人本身就不合理，至于电动车，并不能证明骑电动车载人的交通事故率远高于不载人的交通事故。而美国所有摩托车都可以载人，而且可以上高速公路。为提高安全性，应推广封闭式电动车或强制要求戴头盔。

（8）不得擅自加装雨棚、太阳伞——在汽车里可以吹空调，电动车加雨棚遮风挡雨就不可以，这并不合理。符合欧洲标准的宝马摩托车（图7），头盔都可以不戴。

图 7　宝马摩托车

此外，应该利用各种政策推广（半）封闭式两轮电动车。下雨天骑电动车非常不方便，穿雨衣视线不好，更危险，长年风吹雨淋也会让人患上关节炎。（半）封闭式电动车应当成为主流。当然其造价必须加以控制，（半）封闭式电动车合理的售价在 4000 元左右，才能占有市场。对于电动车用户来说，价格不高、可以遮风挡雨的电动车是升级换代的首选。

6　取消禁摩令，扶持电动车

电动车和摩托车的政策，要从能源消耗、社会公平、生活便利、未来趋势等方面综合考虑。过去的限制针对的都是技术层面，没有考虑战略需要。

应该先从国家发展的宏观角度做战略考虑,再解决具体问题。从战略上讲,未来私人交通工具数量只会更多,而同时还要控制碳排放、减少交通拥堵。因此汽车越小越节能。治理交通拥堵,小型化是必然的。迷你车是一个思路,更小的两轮车是更高效的思路。大家对通用汽车高科技的两轮车拍手称赞的同时(估计不会比国产汽车便宜),不要忽略我们身边数量巨大的小型电动车,这类电动车节能,技术更简单(当然还有大幅提升的空间),更便宜。应该鼓励电动车的技术进步,让电动车更舒适、更安全,让更多人可以选择电动车出行。

联想到过去的"禁摩令",笔者认为,电动车和摩托车都符合节能的战略要求。中国曾是自行车王国,占全球人口 1/5 的群体采用了最低碳节能的生活方式。哥本哈根是著名的自行车城市,大街上有专用的自行车道。32% 的市民选择自行车作为交通工具。被我们抛弃的交通工具成了西方发达国家推崇的交通工具。联想一下电动车的际遇,现在的中国也是不折不扣的电动车王国,应加以引导,践行低碳环保理念。

7 加强管理,优化电动车出行条件

中国过去的自行车道做得非常好,随着自行车数量减少,这些空间被小商贩、公交车站、行人占用。专用道混乱导致电动车进入机动车道。既然今天的电动车起到当年的自行车的作用,自行车道应该成为自行车和电动车专用车道。在中小城市,上下班高峰期道路上的自行车和电动车比例基本上是 1∶5。根据笔者的调查,在大城市如武汉,该比例约为 1∶2[1]。把多余的自行车道给电动车是完全可行的。由于质量轻,加上限速,电动车和自行车共同行驶不会发生严重的交通事故。

此外,要按照电动车数量配置专用通道,像保证自行车通道一样设置电动车专用通道。所有过江隧道和大桥,甚至高速公路和高架路都应该设有专用的两轮车通道,包括自行车车道和电动车车道。这样才能真正鼓励低

---

[1] 该比例是笔者在上班高峰期(8:00—8:30)于华中科技大学南二门外路口调查得出的。

碳出行。

鼓励电动车和摩托车不是说不管理，反而要加强管理，现提出以下建议。

(1)给旧电动车10年的临时牌照。

(2)电动车限速在35 km/h以内，超速则按摩托车管理。必须在非机动车道行驶，违规的一律罚款。摩托车(含电动车)限速参照市内汽车限速，必须佩戴头盔，并持有行驶证和驾驶证。

(3)允许搭载一人或不超过50 kg半人高货品，货物超载或非法营运的重罚。

(4)开展非机动车道整治：①改自行车道为自行车、电动车专用道；②所有主干道必须设至少2 m宽的非机动车道；③对在非机动车道违停车辆处以100元罚款；④在所有新建道路中设电动车专用道，宽度不小于机动车道宽度的1/4。

(5)增设电动车强制险。

(6)电动车必须按照交通规则行驶。对违规的予以扣分、罚款，其管理参照机动车相关标准执行。

由于电动车数量大，使用人群复杂，管理难度大，以上提案还有缺陷。但只要肯定电动车在我国的存在价值，对其管理办法、道路设计、相关产业政策进行深入研究，一定可以得到更为完善的方案。这也符合低碳社会、和谐社会的要求。

参考文献

[1] 米歇尔，波罗尼柏德，伯恩斯."未来车"世纪[M].田娟,译.北京:中国人民大学出版社,2010.

[2] 国家统计局.中国统计年鉴1987[M].北京:中国统计出版社,1987.

[3] 国家统计局.中国统计年鉴2010[M].北京:中国统计出版社,2010.

[4] 牛文元.中国新型城市化报告2010[M].北京:科学出版社,2010.

[5] 徐吉谦,张迎东,梅冰.自行车交通出行特征和合理的适用范围探讨[J].现代城市研究,1994(6):26-30.

想象空间——《我＋＋——电子自我和互联城市》译后记^①

　　本文结合威廉·J.米切尔的新书《我＋＋——电子自我和互联城市》（图1），从学术环境、网络获取能力、研究经费、研究付诸实践的机会等方面指出中国建筑师所处的现实环境，指出我们需要一个积极的想象空间，同时，本文提出在看清差距的同时，还要对文化有自信，因为汉字本身就包含了想象空间。

图1　《我＋＋——电子自我和互联城市》

---

　　① 《我＋＋——电子自我和互联城市》一书已经由中国建筑工业出版社于2006年出版，刘小虎等译，赵冰校。本文成稿时间：2006年9月。

威廉·J.米切尔,麻省理工学院建筑城市规划学院前院长,媒介艺术和科学专业的主任,在数字城市领域享有盛名。他最近完成了其数字城市"三部曲"的最后一部:《我＋＋——电子自我和互联城市》(前两部是《比特之城:空间、场所、信息高速公路》《伊托邦:数字时代的城市生活》)。书中米切尔探讨了无线互联、全球互联、小型化、可携带对我们的身体、服饰、建筑、城市、空间和时间的影响。他指出,计算机病毒、电力供应的连锁中断、恐怖分子对交通网络的渗透、街道上的手机通话,都是生动的新城市状况的征兆——那无处不在、无法逃离的互联网。这个渐少为边界所管理、渐多为连接所管理的世界,需要我们重新设想及建造我们的环境,并重新思考设计、工程和规划的伦理基础。这本书充满超前意识和想象力,贵在对大量研究成果的整合,以及在此基础之上对未来提出的设想,这是对人类想象空间的开启。而这个想象空间并不是个体的,它是在一种积极的学术氛围中,基于技术之上,研究者群体互相交流、彼此推动产生的集体想象:比如马可尼传送了第一个穿过大西洋的无线信号;霍桑宣布借助电讯技术"地球就是一个大脑,充满智能";戴维·格林和迈克·巴纳德提出"人类就是行走的建筑";彼得·库克描绘出"插件城市"……

　　初次看到《我＋＋——电子自我和互联城市》是我在2002年9月收到麻省理工学院出版社寄来的样稿。从联系出版社,到中文译本正式出版历经四年。在产学研一体化的形势下,我依然身处学术困境,没有分文经费资助,在上课之外,为设计费而奔忙,权且以设计费充当科研经费。

　　《我＋＋——电子自我和互联城市》内容相当广泛,大到整个地球和茫茫太空,小到比特和纳米技术,从机器到衣服,从房子到身体发肤,从虚拟社区到电子足迹,从数字伦理到网络民主,在米切尔看来都是立足未来的建筑师和规划师应该关注的话题。米切尔认为,比特和原子的临时分离状态已经结束,现实中的事物和网络中的事物正在越来越频繁地相互影响。过去的几十年,日益强大的无线技术、日益扩展的网络基础设施、日益小型化的电子元件、日益增强的数字技术的集成极大改变了个人和环境以及个体之间的关系,人类和那些日益强大的电子"器官"已经越来越难以分离,我们的四肢已经变成了肉体的天线支架,与电子"器官"的相互联系已经到了一种几乎难以想象的程度,从胎儿期的透视、心跳监测一直到死后仍然存在的电子地址和电子痕迹,我们的身体与周围事物处于持续的电子介入状态。如果把无线连接看作构筑物,今天它已经膨胀至惊人的尺度,"如果把所有陆地上、卫星上、宇宙飞船上的连接计算在内,这会是人类迄今为止建造的延伸最广的单项构筑"。更本质的是,"我是网络的一部分,网络也是我的一部分。我连接,故我在"。在信息时代,"存在"的定义已经改变。地理位置已经不再重要,真正重要的是可以立即、快速地访问网络空间上的站点。

我在国外某大学访问时,看到他们虽然资源充足,却人丁不旺,于是想向国外同行炫耀一下我们的办学规模。打开学校的主页,才发现学院这一级的主页是无法访问的,从国外只能访问学校主页。回国后又发现教育网甚至对公网的速度也慢得惊人。教育网和公网之间很难传递文件,通过公网访问图书馆基本上只能看到摘要。大学在向社会开放,可是大学最重要的资源——图书信息资源,事实上社会难以真正享用。大学还远远没有拆掉围墙。

而今天,作为学术交流的基础,图书收藏的方式正在不断变化。加利福尼亚大学的希腊语言宝库计划到 2001 年拥有从荷马时代到公元 600 年所有的古希腊文献,超过 8000 万字,全部以光盘形式提供给学者。美国 Los Alamos 国家实验室电子预印本文献库每年有 3 万多篇电子论文收录,力求"为不同学术级别、不同地域的研究者提供一个平等的竞技场",许多研究者都习惯了每天早晨查阅它以了解相关领域的最新报道。在线学术团体 CogNet、Archnet 等除了提供大量的在线文献之外,和古代的亚历山大图书馆一样,它们还为学者提供住房和公共空间——在线的个人工作空间、会员简介、论坛、新闻、日历、工作信息以及合作空间等。在某种意义上,互联网就是最大、最全的图书馆,Google 已经将超过 10 亿的网页编入索引,绝大部分信息都可以一次性搜索到。

无线连接相对便宜、无处不在,它会用新的方式把更新的东西带进互联网,这些事物微小、数量众多、孤立、高速运动,植入在另一个物体中,挤在微小无法接近的地方。最动人的地方在于,无线发射应答器可以识别那些已经缩得只有针头大小只要几分钱的东西,这些东西可以被大量制造和使用。

麻省理工学院媒体实验室的"图钉"和"适于绘画"的项目研究了最小、传输距离为几厘米的系统，可以组织起来成为空间网状分布的微型计算设备。现在，没有什么不需要计算处理，也没有什么可以不被连接。计算机硬件和其他各类硬件之间的区别正在迅速消失。借助不断扩大、完善的网络和不断缩小的收发装置，整个地球表面都正在长出可以不断感知的皮肤；建筑的表皮当然也正朝着这个方向进化。我们日渐生活在这样的点上，在这里，电子信息的流动、运动的身体与物理场所交织起来。这些点正在成为为 21 世纪带来新的建筑特征的契机。

前不久我带学生做毕业设计，义务做农村规划。武汉市投资 300 多万元建设村庄，但不愿花几千块钱买数字地形图，在我们的一再坚持下才花几百块钱买了纸质地形图。我们没有经费将地形图数字化，只好先扫描再描图，就这样做完了村子的规划，准确制定了面积指标、道路长度等，但村里不要我们的数据，因为他们必须凑齐投资金额进行项目申报，又怕乡里批评进度太慢，已经凭感觉凑齐数据上报了。规划的要求就是希望村里依照我们的规划原则，不要填湖，不要砍大树、种小树。因为有村领导到示范村参观，示范村嫌各类树种太杂乱，不如城市整齐划一的行道树好看，故全部砍掉种上了一人高的樟树。

相对于有线连接，无线连接带来更多的自由，进一步解除了地点对人的束缚。为了未来可能的电子游牧生活，灵活和自由选择的可能性越来越重要。建筑师的观念因此需要改变。建筑不再需要稳定的标准计划和空间模式，传统的建筑计划会陷于僵化。迈克尔·巴蒂就建议，建筑应该成为不断改装的空间事件的集合，其特点是持续性、变更性和地点性。列菲弗尔指出"城市的权利"在于多元文化而非单一文化，融合而非隔离，同时性而非序列性。在多元化的空间里，功能划分的重要性已经消失。在无处不在的网络之中，诸如城墙、围墙、铁门等传统围合的必要性也减弱了，而防火墙、电子监控、信息安全变得重要起来。

为了给学生讲当代建筑思潮，我想在校园网上建一个论坛作为网络课堂，用于学生交流，还可以方便其他有兴趣的学生甚至下一级的学生交流。我到校园网管理中心报告此想法被否决，管理中心给出的理由是怕论坛散

布黄色反动言论等。后来大家告诉我,按规定校园网上可以建 BBS,但不允许上传文件和图片,担心计算机病毒。我不知道仅用文字怎么解释清楚毕尔巴鄂古根海姆美术馆和卒姆托的瓦尔斯温泉浴室有何不同,最后只好把我的计算机二十四小时开机作为网络课堂的临时服务器。这样做当然浪费了校园网服务器闲置的网络空间资源,额外消耗了很多电力,让全院学生共同交流的想法也就放弃了。说实话,网络空间里的种种限制,其原委我并不清楚。不过,限制对网络空间的访问权和使用权,正在限制我们的发展速度和发展空间。

在私人住宅、咖啡馆、公园等地用无线基站提供无线覆盖,有助于加强已有社区的交流,甚至可以对来访者免费开放,成为无线时代的待客礼仪,公共空间的新维度因此产生。此外,无所不在的网络同样也意味着无所不在的监控,未来社会的伦理道德、民主和权利、社会竞争将会如何发生? 按照米切尔的推测,联网的地球并不是一个地球村,甚至也不是一个虚拟城市和扩大的民族国家;从物理上、空间上和道德上,"它是一种新事物",未来全球化城邦的出现,依赖可以让大量零星分散的陌生人和睦相处的道德互连的网络。我们应该认识到,面临遵循着摩尔定律迅猛发展的数字技术,这本书所描述的新空间、社会和文化实践正在迅速成为现实。

阅读《我++——电子自我和互联城市》后,再反观我们的生活现实,不难感觉到其中巨大的差距。对比美国数字精英们的研究,我们才刚刚起步,可以说在这次关于数字城市的集体想象之中我们还远远落后。我们似乎没有必要继续为是否允许学生使用计算机绘图进行过多争执——计算机和马克笔、硫酸纸一样,都是表达的工具。按照麦克卢汉的说法,这些都是媒介,一切也都不过是身体的延伸。计算机从来没有脱离人而独立存在,和机器一样,它只是身体延伸的一种方式。在无线网络的时代,我们也并不会变成后人类,我们依然和从前一样不断延伸着身体,不用担心人的概念会发生变化,据说从最早的穴居人拾起棍棒和石头开始,我们就已经不是纯粹的人了。

与看清差距同样重要的是,我们还应对文化有自信。中国人从来都不缺乏想象力。正如林语堂所说,中华民族是一个灵性的民族,富于想象的民族。而富于想象也许和作为文化载体的汉字有关。象形文字本身就包含着对事物的抽象和想象,本身就包含着想象空间。对一个使用汉语的人来说,从会写"人"字的那一刻开始,他就无时无刻不处于想象之中,虽然自己并未察觉。虽然敲击着主要由字母组成的键盘,我们可以意识到汉语曾经被计算机技术排斥在门外;但是,借助联想,现在用拼音输入中文一点不比英文慢。我们也终于拥有了能帮助我们维持想象力而打字速度丝毫不逊色于字母输入的笔画输入法,未来我们也许有方便、快捷、准确的中文键盘。在数字时代的第 N 次浪潮之后,使用象形文字也许不是劣势,而是优势。

我们会有成功的集体想象,只要有更良性的学术氛围,更充足的研究基金。对个人来说,我们更需要对文化有自信——谁说线性思维优于螺旋形思维? 毕竟,在符号、代码、数字、逻辑之上,在数据、信息、知识、技术之上,在计算智能之上,在一切之上,存在于人类文化活动顶端的,是想象空间,那才是人类最珍贵的特质。那也正是我们所擅长的想象空间,包容着未来发展必须依赖的、基于技术的集体想象。

参考文献

[1] MITCHELL W J. Me＋＋:the cyborg self and the networked city [M]. Cambridge,MA:MIT Press,2003.

[2] LEFEBVRE H. Writings on cities[M]. London:Blackwell,1996.

[3] 麦克卢汉.理解媒介——论人的延伸[M].何道宽,译.北京:商务印书馆,2003.

[4] 林语堂.人生的盛宴[M].湖南:湖南文艺出版社,1988.

我@城市：未来的数字公民城市^①

1　从数字城市到智慧城市

1.1　数字城市的产生与发展

"数字城市"（digital city）的概念是由"数字地球"发展而来的。1998 年"数字地球"的概念提出之后，中国也掀起了数字城市建设浪潮。近年来，随着我国城市化、信息化进程的加快，运用科学、整体、系统的思维来营造现代化城市成为大势所趋。实现城市信息化，是中国正式融入全球化浪潮的首要和必要条件，数字城市逐步成为国家信息化建设的重要内容。

数字城市的建设主要包括以下几个方面的内容：信息基础设施建设、应用支撑平台建设和应用系统建设。其中信息基础设施建设又分为网络与通信技术设施建设和数据基础设施建设。数据是信息的来源，也是数字城市的基础。网络与通信技术是信息传输的载体，是数据使用的工具，二者缺一不可。应用支撑平台是实现城市信息基础设施层向应用系统层转换的桥梁和纽带，主要任务是应用服务和资源管理。在逻辑上由业务应用中间件、空间信息处理中间件、数据服务中间件及数据仓库、知识库和模型库组成。政府、企业、公众是数字城市的最终用户，通过这个平台分析、研究、解决城市规划、建设与管理的重大问题。

1.2　创新 2.0 与智慧城市

智慧城市经常与数字城市、感知城市、无线城市、生态城市、低碳城市等

---

①　本文由艾勇、刘小虎合作撰写，成稿时间：2013 年 5 月。

概念交叉，甚至与电子政务、智能交通、智能电网等行业信息化概念混淆。可以说，智慧城市是新一代信息技术支撑、知识社会创新 2.0 环境下继数字城市之后信息化城市发展的高级城市形态。从技术发展的视角看，智慧城市建设要求通过以移动技术为代表的物联网、云计算等新一代信息技术应用实现全面感知、泛在互联、普适计算与融合应用。从社会发展的视角看，智慧城市还要求通过维基、社交网络、Fab Lab、Living Lab、综合集成法等工具和方法的应用，实现以用户创新、开放创新、大众创新、协同创新为特征的知识社会环境下的可持续创新，强调通过价值创造、以人为本来实现经济、社会、环境的全面可持续发展。智慧城市可以充分运用信息和通信技术手段来感测、分析城市运行所需的各项关键信息，对节能环保、公共安全、城市服务、城市管理、工商业活动等各种需求做出智能响应，创造更美好的城市生活。

智慧城市的形成受到两种力量的驱动：一是以物联网、云计算、移动互联网为代表的新一代信息技术；二是知识社会环境下逐步孕育的开放城市创新生态。前者是技术创新层面的技术因素，后者是社会创新层面的社会经济因素。对比数字城市和智慧城市，我们可以发现以下差异。

(1)数字城市通过 GIS(Geographic Information System，地理信息系统)与城市信息的数字化在虚拟空间再现传统城市，而智慧城市更加注重在此基础上进一步利用传感技术、智能技术实现对城市运行状态的自动、实时、全面、透彻的感知。

(2)数字城市通过城市各行业的信息化提高了管理效率和服务质量，智慧城市则更强调从各行业相对封闭的信息化架构迈向作为复杂巨系统的开放、整合、协同的城市信息化架构，从而发挥城市信息化的整体效能。

(3)数字城市利用互联网形成初步的业务协同，而智慧城市更注重通过泛在网络、移动技术实现无所不在的互联和随时、随地、随身的智能融合服务。

(4)数字城市关注数据的产生、积累和应用，而智慧城市更关注用户视角的服务。

(5)数字城市更多注重利用信息技术实现城市各领域的信息化，以提高

生产效率,而智慧城市更强调人的主体地位,更强调开放创新空间、市民参与、用户体验和以人为本,实现可持续创新。

(6)数字城市致力于通过信息化手段实现城市运行与发展的各方面功能,提高城市运行效率,服务城市管理,而智慧城市更强调通过政府、市场、社会各方力量的协同参与,实现城市公共价值塑造和独特价值创造。

总的来说,数字城市更注重底层的技术层面,而智慧城市不但广泛采用物联网、云计算、数据挖掘、人工智能、社交网络、知识管理等技术工具,也注重用户参与、以人为本的创新 2.0 理念及其方法的应用。智慧城市是创新 2.0 时代以人为本的可持续创新城市。

1.3　趋势:从技术到意识

当前数字城市的技术发展已经进入比较成熟的阶段,智慧城市虽然提出了以人为本的理念,但是仍然偏重自上而下的传统城市管理方式。随着时代的进步,公民意识的觉醒,无论是数字城市还是智慧城市,都存在某些不足。

1. 缺乏动态的概念

传统的数字城市平台和现在倡导的智慧城市其实都缺乏动态的概念。这从两个方面来说:第一,传统的数字城市平台使用的是静态数据库,在反映历史数据上存在不足,缺乏时间的流动关系;第二,传统数字城市平台缺乏空间的互动,虽然可以使用三维即时建模技术来实现虚拟漫游功能,但是在虚拟空间所看到的虚拟建筑和漫游者缺乏互动的关系。

2. 硬件平台和地理数据利用率不足

中国是全球城市数字化应用程度最高的国家。在数份报告的统计中,中国的数字化试点城市超过了 500 个。据 2012 年的统计,中央财政投入 4 亿元建设全国数字城市,带动地方投入约 60 亿元,间接拉动服务产值高达 300 亿元。相比数字城市硬件基础设施建设的巨大投入,各种软件应用还没有跟上,特别是和城市公民生产生活密切相关的软件。

3. 城市规划和城市管理其他领域的应用欠缺整合

数字城市是一个大平台,城市规划领域的应用是其中一部分,相比而言,建构在数字城市上的城市规划平台相对孤立,并且与其他部门,如交通、气象、地质、水文等部门的数据库和应用平台缺乏连接。在大数据时代,这些情况有所改观,但仍然存在不足。

4. 城市的主体是"人",但并没有真正被体现

传统的数字城市主要侧重基础地理信息系统的建设与应用,智慧城市提出以人为本,不过始终还是倾向于自上而下的管理模式。审视《中华人民共和国城乡规划法》生效以来多年的城市建设状况,种种弊病其实都来源于一个根本性的问题没有厘清,即城市的主体是谁。

所谓"主体",是指事物的主要部分、基本成分。我们一般认为,一个城市的主体,应该是生于斯、长于斯,并将子孙后代发展希望寄托于斯的那些常住市民。这些市民承继当地的文化传统,关心城市的长远利益。因此,凡是涉及旧城区更新、远景规划、历史遗产保护、改善生态环境等重大决策,都应该尊重他们的意愿。然而,如果说常住人口就是城市的主体也不太妥当。一方面,现代城市人口流动性越来越大,随着城市扩张,新增人口和外来人口所占比例也越来越大;另一方面,一个城市并不是一座孤立的城邦。譬如,北京不仅是北京市民的家园,还是中国人民的首都。所以,作为中国公民应有权对中国境内任何一座城市的建设发表意见,一个城市的总体规划应当与国土规划、区域规划、流域规划等中观和宏观社会经济发展规划相协调。

从另外一个角度来说,主体,也就是具有权利能力和行为能力、在法律关系中依法享有权利和承担义务的人(我们通常所说的自然人或者法人)。在这个意义上,我们可以给城市的主体作出两种界定。其一,城市的主体应当是城市纳税人。他们承担了支付城市建设费的义务,应该享有参与城市规划设计、城市建设、运营管理的权利。某些城市管理的官员随心所欲地制定和打乱规划,浪费纳税人金钱,纳税人完全有权利追究他们的责任——行政责任、道义责任乃至刑事责任。其二,城市的主体应当是具备选举权的市民。他们有权通过各种渠道对城市建设与管理提出意见和建议,也有权推举代表参与城市规划和城市管理。城市的总体规划必然涉及当地市民的生产生活以及长远发展。它的制定如果代表的是全体市民的利益,那么就应

当形成不容违背、不可轻易变更的法律文件,必须在广泛征询市民和各方面意见的基础上修订、完善。城市总体规划的最终确定,还须报请上级领导机关批准,地方政府只有组织起草的权力和执行既定规划的义务。

城市的主体不是少数专家,相比传统数字城市,我们更需要真正从城市的主体——城市公民出发的数字公民城市。

2　数字公民城市

如果说过去数字城市的建设侧重于信息系统、数据库、遥感系统等具体技术的层面,智慧城市则从管理的层面给数字城市增加了智能管理、公众参与、公众创新等人文内涵。数字城市所关心的是一个基于计算机技术的、没有生命的对象,智慧城市关心的是架构于数字技术层面上的更加智慧的管理和决策。但是无论数字城市还是智慧城市,都在一定程度上忽略了城市的主体。

2008 年,《南方都市报》联合多家建筑专业媒体举办了首届"中国建筑传媒奖"的评选活动。值得关注的是,这个并不轰动的评奖活动在几经推进后明确了评奖的主题——走向公民建筑。在这次评奖的论坛上,赵冰教授作了如下的发言。

"今天我们呼唤的是每一个自我生命的活生生的体验,是尊重每一个自我生命体验的自主协同的建筑和城市空间的营造。我们要的是这样的空间:它能够维护每个公民的权益,使每个具有唯一性的公民的自我意识更加明确,使每一个自我生命的空间体验更富活力。'走向公民建筑',最终呼唤的是具有公民意识、尊重每一个自我生命体验的空间营造,在这个意义上,它将成为我们未来空间规划和设计中的精神指向,在未来的历史中我们将会看到其深远的意义。三十年后回顾今天的时候我们也许会明白,'走向公民建筑'恰恰是一个建构公民社会的新时代的呼声。"

数字城市技术不管怎么发展,落脚点都应该在公民,也就是说数字城市同时也应该是公民城市,为了突出这个重点,笔者提出了"数字公民城市"(digital civil city)这个概念。简而言之,数字公民城市其实并不是一个全新的概念,而是在数字城市技术快速发展的今天,将它和维护公民的权益、焕发公民自我意识有机结合起来,使技术的发展落到实处。

在此基础上,我们提出"我@城市"作为数字公民城市的具体体现,它是基于数字城市技术的、与智慧城市管理决策系统相补的、公民有积极行动能力的未来公民城市。"我"代表公民城市中积极的、有话语权的主体——"人","@"是主体影响客体的方式和以数字技术为核心的技术手段,"城市"则是被人影响的客体。借助更加人性化的数字技术,产生良好的管理、更智慧的理念,公民和城市之间将会形成一种良好的互动关系。

2.1 数字城市、智慧城市与我@城市

中国科学院院士、中国工程院院士李德仁教授曾撰文给智慧城市下定义,他认为"数字城市+物联网+云计算=智慧城市"。那么我@城市与数字城市以及智慧城市的关系是什么呢?

我@城市是在数字城市的基础上,经过智慧城市的发展而来的。我@城市是建立在数字城市基础上,融合了智慧城市理念,以云系统为技术支持的数字公民城市的全新形态。我@城市与智慧城市是互为补充的关系,这两个概念完全涵盖了数字城市。我@城市的技术支持是云系统,包括数字城市技术、云计算、物联网、微流数据库以及无线互联等技术。

2.2 什么是"@"?

在威廉·J.米切尔的著作《伊托邦:数字时代的城市生活》中有如下这样一段话。

"我认为我们所面临的是这样一个时代:重新设计和发展城市,重新思考建筑学的角色。利润和风险都会同样可观,但是我们不可能袖手旁观,我们别无选择。我们必须学习去建造数字伊托邦——电子服务的、全球互联的城市。"

我们当今所处的正是数字化高速发展的时代,促使我们要以数字化的方式来进行思考。我@城市这个概念的提出也正是基于此。

@最早是表示重量和容积的单位,后来成了工程用语,同时这个词也表

示英文单词"at",后来这种用法逐渐减少。1971 年,第一封电子邮件的发出者美国阿帕网电脑工程师雷·汤姆林森,在发送电子邮件的时候需要一个标识将个人的名字同电脑所在的网络位置分开。他一眼就选中了@这个特殊的字符,既可以简洁明了地传递某人在某地的信息,又避免了电脑处理大量信息时产生混淆,于是史上第一个数字地址传递 tomlinson@bbntenxa 就应运而生了。从此以后@这个符号与网络的关系不可分割。@时代就是网络时代的代名词。

我@城市也是基于这样的意义,@同时也是网络时代的代名词,强调我@城市系统与网络时代的关系密不可分。在另外一方面,在未来的公民城市,公民应该拥有@的权利,代表了评论、参与、表决、发布和管理社会的话语权。

如果要总结下我@城市中@的意义,可总结为以下两点。

(1)归属。

我@城市的"@"强调我是城市的一部分,"我"是出发点,"城市"是目标,"@"强调了我和城市的关系。"我"属于城市的一部分,无数个"我"形成了城市的主体——城市公民。

(2)互动。

我@城市的"@"还强调我和城市的互动关系,强调参与、意见表达、话语权。最早的电子邮件系统使用@,也说明了电子邮件是一种互动的关系,包括发件人和邮件服务器、收件人和邮件服务器都是一种互动的关系。

3 微流数据库与我@城市技术体系

微流的原始意思是微液流,是化学、医药行业的一个名词,在这里我们将其含义引申到我@城市这个体系之中。微流数据库是我@城市系统数据库体系的重要组成部分。在我们提出微流数据库这个概念的时候,大数据的概念还远未普及。现在看来,微流数据库的概念和当下发展迅速的大数据技术存在某些关联,也和区块链技术的核心有关联之处,但其含义也无法被现在的大数据技术和区块链技术完全涵盖。

微流数据库的主要数据来源是我@城市体系中各种终端（电脑、手机、平板、智能穿戴设备等），通过app或者其他方式，城市公民可以将对城市的建筑、对社区、对未来的规划方案等意见（事实上微流的概念不限于此）以微流的方式记载到系统的微流数据库中。

    微流数据库的"微"和微博、微信一样，强调基于个人，"流"强调即时，也强调历史。比如公民甲对某个规划方案一开始不满意并通过app进行了操作，后来经过和朋友的沟通改变了自己的意见，那么实际上他一开始对此规划不满意的微流同样被微流数据库记载了，只不过在进行实时数据分析的时候是按照时间来划分的。

    微流数据库的意义在于真正把个人作为一个重要的部分加入云系统，对微流数据库的分析和数据挖掘也是对城市公民意愿的挖掘。微流数据库的特点如下。

    （1）多样性。微流数据库的数据涵盖了数字公民在数字公民城市的各种话语，这些微流不仅涉及城市、建筑、社区，而且涉及饮食起居、工作生活等方面，从某方面来说，微流和微博有类似之处，但是应用的方向完全不同。

    （2）流动性。微流在不断运动，流而不涸，因为流动而生机勃勃。我们前面也举例过，同一个市民对同一个规划的看法也可能是流动的，而微流忠实记录了这个流动的过程。

    （3）无序性。这是由自主性决定的，城市公民在使用我@城市系统的时候具备自由自主的特征，所以微流肯定不是千篇一律的。微流是流动的，表面上看也显得比较杂乱，如何从这些看似无序的微流中获取有用的信息，也是我@城市系统要解决的问题。

    我@城市的一整套技术体系，我们也称为"我@城市云系统"。其核心技术除了微流数据库之外还包括以下技术。

    （1）人工智能技术。目前人工智能技术发展迅猛，在我@城市体系中人工智能在数据挖掘、智能决策、机器学习等领域起着关键作用。

    （2）云计算。大量的信息处理、AI运用、虚拟现实、实时建模等都需要复杂的运算能力，云计算服务可以说是我@城市系统实现的技术基础。

    （3）无线互联。无线互联使无处不在的计算和易用性得到保障。

4　我@城市的若干畅想

我@城市作为一个未来的数字公民城市,我们希望它包含以下内容。

(1)云城市,增强现实城市,可以实现大规模分布式的增强现实。

(2)云街区,增强现实的街区。

(3)云规划,市民可以通过云系统参与城市规划的设计。

(4)云设计,包括自主生成模型和大规模用户定制,符合威廉·J.米切尔的新建筑五大特点。

(5)云协作,通过云系统的智慧协作系统,远程合作设计,完成云评审。

(6)云决策,城市公民通过云系统完成重要决策。

(7)云建造,开放自建(合作建房),提倡自主协同营造,借助基于安卓系统的建造机器人来完成。

(8)云制造,通过 3D 打印机等技术完成用户定制等需求。

(9)云反腐,即网络反腐。

(10)云管理,云系统下的行政管理,更加人性化。

(11)云平安,实现平安城市守护,通过云系统守望相助,满足公共空间与城市安全的需要。

5　结语:我@城市的五个要点

每个时代的城市建设虽然千差万别,却都有一个共同点,即鲜明的时代特征。

勒·柯布西耶(Le Corbusier,1887—1965 年)是现代建筑运动的领军人物。他在《走向新建筑》中提出了"新建筑五点"的设计思想,也在长期的建筑创作、研究过程中总结出了住宅建筑设计的五个特点:底层架空、有独立支柱,自由的平面,横向长窗,自由的立面,屋顶采用平屋顶(可做花园)。勒·柯布西耶的新建筑五点思想符合那个时代的社会背景。当时随着建筑技术的进步,框架-剪力墙结构逐步发展和成熟,住宅小高层、高层也开始出现和发展。勒·柯布西耶的这些思想，在结合当代建筑材料、建筑内部的空间划分、开拓立面和平面设计的自由度上，都给后来者提供了很多借鉴之处，即使在今天仍然具有相当重要的意义。

当我们步入信息时代，传统的建筑学和城市建设一方面正经历着前所未有的挑战，另一方面也面临着千载难逢的发展机遇。正如威廉·J. 米切尔在《伊托邦：数字时代的城市生活》中所说的"在旧的城市模式的基础上，我们可以创建全新的伊托邦——运转更为智能化而非更死板的精炼、绿色的城市"，和勒·柯布西耶的新建筑五点设计思想一样，威廉·J. 米切尔提出了数字时代的五个基本设计原则：非物质化（dematerialization）、非运动化（demobilization）、规模化定制（mass customization）、智能化运作（intelligent operation）、软转化（soft transformation）。

我们称我@城市是网络时代面向未来数字公民城市的形态，参考威廉·J. 米切尔提出的数字时代五个原则，笔者不揣冒昧，也在本文中提出我@城市时代的五个原则：时空漫游（space-time surf）、公民协同（citizen cooperation）、智慧运作（smart operation）、规模化定制（mass customization）和软转化（soft transformation）。

1. 时空漫游

时空漫游的引入对我@城市具有非常重要的意义。信息技术的发展拓展了城市的概念，我们不仅生活在实实在在的钢筋水泥城市里，也生活在无数信息元素所构成的虚拟城市之中。而时空数据库的引入进一步拓展了城市的内涵。在虚拟的城市空间里，我们可以同时在"这里"和"那里"，时空漫游使得我们可以同时出现在过去、现在和未来。不仅城市的规划与设计需要传承历史，创新未来，而且我@城市的很多应用也离不开时空漫游的支持。

2. 公民协同

我@城市是一个自下而上的结构，所以公民的自主协同是它的现实基础。只有发挥公民的自主性，才能真正地运作我@城市。公民通过我@城市的云系统平台进行互动交流，自觉自发地管理城市。

3. 智慧运作

我@城市是一个高度智能的系统，结合云计算、数据挖掘等技术，我@

城市的智能化运行程度很高,这也是我们所期望的。因为我们不需要花太多精力来处理关于城市管理的琐事,才能够有更多时间和精力进行发明创造。

4. 规模化定制

秉承威廉·J. 米切尔的数字时代五个原则之一,规模化定制在我@城市中仍然有重要的地位。规模化定制突出了信息时代的个人化色彩,同时也符合未来社会低碳环保等要求。自主建造、3D 打印机技术以及云系统中的大量技术都反映了规模化定制的原则。

5. 软转化

秉承威廉·J. 米切尔的数字时代五个原则之一,软转化仍然是我@城市中的重要原则。如何在城市、街区、建筑、交通等发生转变的时候采用自适应、可持续的方法,在任何时候都有重要的指导意义。

《营造法原》参数化——基于算法语言的参数化自生成建筑模型^①

本文以古镇保护规划为契机,研究《营造法原》中各个建筑构件的内在关联,并通过 Processing 平台将这种关联参数化,最终通过开间、进深、开间数这三个参数来生成整体建筑模型。本文进一步提出,参数化并不等于设计复杂奇异的形体,它有助于设计思维更加逻辑化,有助于对形体的把控。在参数化设计中,制定规则(选择参数)非常重要,而对结果的筛选更加重要。

1 一切都是延伸:参数化工具

"媒介"一词的发明者麦克卢汉指出,一切媒介都是人的延伸。所以计算机作为新媒介,作为数字时代无处不在的计算工具,同样是人的延伸。工具和人的关系并没有在数字时代发生翻天覆地的改变,它们仍然是人的延伸。从这一点来看,对数字技术的抵触显然没有必要,比如某些高校禁止大一学生使用计算机,或者一些人认为数字建筑都是故弄玄虚。当然另一种趋势也应该引起注意:不少刚刚学会使用参数化软件的设计者在完成学生作业时,因为使用软件而做出了奇异的形体,既缺乏形式研究和条件分析,也缺乏足够的形式训练,这种现象广泛存在,教师需要在课程安排中有意识地扭转。

参数化并不等于设计复杂奇异的形体,它还有更多用途:有助于设计思维更加逻辑化,辅助我们对形体进行把控,更能够参与建筑学科的各个方面,如历史建筑的研究。本文的实验就是一例。

---

① 本文成稿时间:2011 年 7 月。

278

2　调研发现

　　无锡市青阳镇是一个并不出众的江南小镇,我们偶然参与了它的保护规划工作,并以它作为大四的一个专题教学课题。从外观上看,青阳镇的民居有自身的特色,其中给人印象最深的是两端出挑极大的马头墙,但除此之外似乎也没有更多令人兴奋的发现。保护现状并不乐观,只剩下为数不多的几栋老建筑,都是古建筑通常的做法(图1)。随着调研的深入,我们了解到这里过去是香山帮影响的区域,传统民居基本上按照香山帮的体系来做。至此作为集香山帮大成之作的《营造法原》也就和这个普通小镇的保护与恢复有了关联。

　　中国建筑在整体和局部之间存在着广泛的关联性。对中国古人来说,这就如同在人与自然、宇宙万物之间存在着关联性一样。这可以说是一种全息性,如同遗传密码一样,通过最基本的信息就可以生成一个生物体。这种与自然法则的相似性体现了中国人的宇宙观,也是中国人的智慧。《营造法式》以"材"为模数,《工程做法则例》以此为基础发展出以"斗口"为模数的做法,并以此控制建筑的所有构件尺寸。这样通过基本参数的控制和变化,就能生成相似而可变的建筑形体,可以说是一种自生成建筑模型。在全球的知识经验越来越融合的今天,这种全息性似乎又与计算机算法语言的思路极其吻合。参数化设计就是通过设定一些参数,经过程序运算生成设计结果。

　　传承几百年民间经验的《营造法原》又通过什么来控制整个营建过程?《营造法原》是否真能通过简单的参数控制整个建筑的所有细节?把参数化工具和《营造法原》的生成方式结合,这种参数化自生成建筑模型有什么价值?

图1　青阳民居

3 《营造法原》的当代思考

3.1 《营造法式》与《营造法原》

描写中国古代建筑技术的经典之作首推《营造法式》。《营造法式》成书于北宋末年,是李诚在两浙工匠喻皓的《木经》基础上编成的。其中"材"分八等,成为建筑尺寸控制的基准,并与社会等级制度相对应。它还有一层意义:北宋中晚期建筑建设铺张浪费,贪污成风,明确建筑的等级、形式、料例可以防止贪污盗窃。

与《营造法式》相比,《营造法原》成书更晚一些,由姚承祖于1929年完成初稿,张至刚增编整理完成。该书依照江南香山帮匠人传统建筑技艺整理而成,是记述江南地区传统建筑做法的唯一专著,也更加偏重于民间建筑,没有斗拱的做法。《营造法原》以"间"来控制整个建筑的平面、屋架和材料构件,如图2所示。

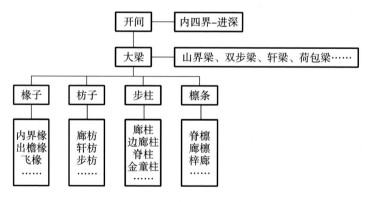

图 2 《营造法原》的做法

3.2 开间控制的意义

《营造法原》以"间"为模数,对于单体建筑而言,如果能确定基地大小,考虑基地其他条件,选择合适的开间和进深,按照《营造法原》中给出的算法就可以推导出各构件尺寸。这是一种自上而下的设计过程,其实是从平面框架出发,到屋架(剖面)的选择确定,再到具体材料的尺度与施工,这与现代的建筑设计过程有很大的相似性。这种方式用于民间住宅的建设也非常适合,因为首先确定的是宅基地,然后提供几种开间和进深的组合选择,进而确定材料用量等,在建设前就能把握整体工程的预算、施工和最后的建造效果。

3.3　整体设计与古镇空间

《营造法原》中首先确定的是建筑的开间和高度,也就是建筑的整体尺度。在城市设计中,尤其是在江南古街更新保护的建设中,《营造法原》的这种整体控制与现在的规划过程非常契合。假如为了保护街道空间肌理,约定新建筑都在原有的基础上建设,用《营造法原》提供的建筑平面尺度作为基本类型,在现有肌理的基础上组合变化,将能在很大程度上得到与原有街道空间尺度和建筑形态类似的街巷面貌,而且这些建筑过去本来也都是在香山帮技术体系下建造的。这是一种自下而上的由建筑单元来规划城市的方法。当然,一条街道的形成还有很多其他方面需要考虑,但建筑与街道肌理控制住了主干。

4　基于 Processing 平台的《营造法原》参数化模拟①

基于 Processing 平台的《营造法原》参数化模拟如图 3 所示。

4.1　关于 Processing 平台

《营造法原》提供了建筑内在的逻辑关系,结合具体的比例系数便能借

---

①　本案例中参数化软件编程主要由华中科技大学建筑系 07 级学生潘浩完成。

图3　参数化模拟

助参数化软件来生成各种建筑类型。Processing 最早是一个用于计算机编程的简化编程语言。Processing 起源于 The MIT Media Lab（麻省理工学院媒体实验室）的 Design By Numbers 项目，目的是开发图形的 Sketchbook 和环境，通过可视应用程序的开发来教授编程。之后，它逐渐演变成了用于创建图形可视化专业项目的一种环境。虽然它供编程初学者使用，但也适合那些对影像、动画、声音进行程序编辑的工作者。

　　Processing 并不具备现成的建筑模块，使用者应有较强的绘图能力，需要详细了解 OpenGL(Open Graphics Library，开放图形库)底层相关知识和数学知识才能应用。Processing 可以轻松实现物理数据的采集分析和调用，如可以将音乐的数据提出作为建筑的某些参数，可以捕捉人体姿势，还能够采集现实中的光照条件、声音、湿度、温度等作为控制建筑形体的要素。因此 Processing 可以极大拓展设计的手段，将设计广义化。而且 Android 程序的普及使 Processing 大显神威。Processing 最新版本可以编译调试 Android 程序。如果能在 Processing 平台上开创一个建筑模板或设计过程，无疑将扩展建筑的表现手段。

4.2 编程操作

建筑的几何图元相对复杂,这也是 Processing 在建筑设计中运用的一大限制。在此之前还没有在 Processing 内建建筑实体的案例,作为首创,本案例的意义在于介绍一种新的设计研究途径,为将来提供借鉴。

第一步是提取《营造法原》的构件尺寸关联信息。这些关联信息主要由书本中的一些工匠口诀、歌谣、图表得来。从中发现,全书对建筑外形轮廓以及柱间关系的描述非常多(图 4 和图 5),经过取舍,只选取了 3 个初始参数(图 6),分别是开间、进深和开间数。由这三个参数基本可以确定整个建筑轮廓和结构构件。不过,在整理版的书中舍去了很多工匠口诀,导致一些关联因素中断。例如屋檐出挑长度和很多构件似乎都有联系,但所提供的信息较含糊,无法获取具体的对应公式。

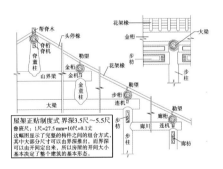

图 4 《营造法原》中的构件关系
(《营造法原》)

图 5 《营造法原》屋架关系
(《营造法原》)

第二步是选择几何库。开源的几何库很多,但考虑到完整性和易懂性,选择的是 OpenNurbs 的 C⁺⁺ 版本(也有 Python 和 .net 的版本)。考虑到编译 Android 程序的方便性,其实是将用到的几何类(class)仿写成 Java 版本。具体几何体创建过程可以仿造 OpenGL 的写法,例如建筑的交接处的一些绘制

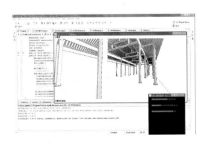

图 6 选取参数

手法(图 7)。在计算机中定出相对坐标系,这个坐标系可以由两个平面确定。为了方便显示,同时反转了公共坐标系。

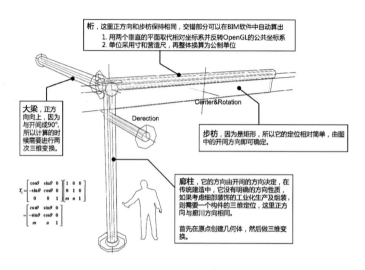

图 7　几何创建

第三步是图形的表达。无论模型多么复杂,细节多么烦琐,基本的计算模型还是比较简单的,条形构件一般采用线和两个平面或一个矩阵表示。如柱础(图 8)是由一条直线和一个包含拉伸和缩放变换的矩阵组成。单体构件完成之后再由普通构件组成群组(图 9)。不同结构体系的建筑有各自不同的生成逻辑(图 10),但基本的逻辑关系大体相似。整个编程耗费了两个月时间。

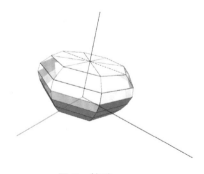

图 8　柱础

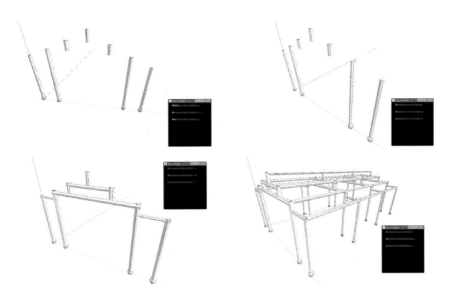

图 9　构件组成群组

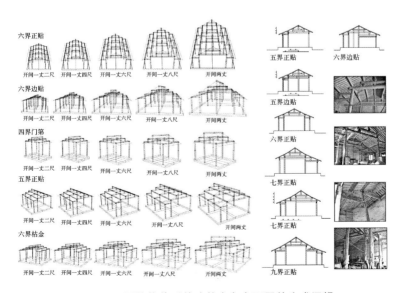

图 10　不同结构体系的建筑有各自不同的生成逻辑

最后的成果是一个在手机上都可以运行的程序。只要输入开间、进深和开间数三个参数,就能生成不同的建筑模型(图 11)。整个过程看起来就像是三维建模,只不过这个过程全由计算机运算而来,而且只要 50 毫秒。

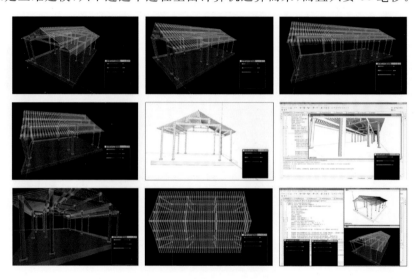

图 11　输入参数并生成模型

5　思考与展望

借助 Processing 这个程序,可以很快得到不同建筑单体主要建筑构件的三维模型,将各种可能的建筑类型罗列出来,设计师可以最快选择最佳组合。这样避免了每次都需要将各种递推关系进行演算的重复工序,也避免了因抽象关系带来的理解难度和麻烦,降低了传统建造体系中经验的重要性。由于时间和人力有限,本案例还缺少很多细节(如门窗、墙和装饰),但确实能够迅速完成古建筑的主要木构设计。Processing 程序对古建筑设计的意义不仅在于可以在短时间完成设计,更在于把推敲和比选的时间留给了建筑师,使建筑设计可以考虑更多。

在过去也有对中国传统木建筑参数化的例子,随着软件工具的发展,软件按一定规则生成模型变得越来越容易,我们之前还有一个 Rihno 的版本同样能迅速生成《营造法原》的模型。在这样的新背景下,制定规则(选择参数)就非常重要,而对结果的筛选更加重要,制定规则和筛选结果是设计者需要更多参与的部分。所以,从设计方法的角度来说,参数化设计并不会脱离艺术创作的一般规律。

参考文献

[1]　麦克卢汉.理解媒介:论人的延伸[M].何道宽,译.北京:商务印书馆,2000.

[2]　潘谷西,何建中.《营造法式》解读[M].南京:东南大学出版社,2005.

[3]　姚承祖.营造法原[M].张至刚,增编.刘敦桢,校阅.北京:中国建筑工业出版社,1986.

人工智能乡村住宅设计初探^①

1　背　　景

　　乡村兴则国家兴，乡村衰则国家衰。乡村是传统田园文明的承载地，是中华文化之根，但也是城镇化的重点和痛点，传统风貌和技术体系被破坏，乡镇建设缺乏现代设计与技术。中央一号文件连续多年以乡村为主题；十九大报告提出"坚持农业农村优先发展"；《国家乡村振兴战略规划（2018—2022年）》提出分类推进乡村发展，首先必须强调规划和设计引领；2019年住房和城乡建设部宣布即将启动全国农房大改造，推动设计师下乡，更说明了设计的重要性。

1.1　问题与对策

1. 问题

　　（1）5.6亿人的乡村，有经过专业设计的住宅不到1％：乡村住宅（简称"村宅"）总面积264亿平方米，约占全国住宅总面积的1/4，但99％的住宅没有经过专业设计。

　　（2）村宅建设现状堪忧：多数村宅难以匹配生活、生产、生态融合的复合功能；村宅是乡村生活和文化最主要的承载地，但如今欧陆风泛滥，建造粗劣。

　　（3）设计下乡是长期无法解决的难题：村宅位置偏远、数量大、设计收费低，设计很难到户；过去靠各地住房和城乡建设厅发示范户型，或设计师在规划中做示范点，缺乏逐户设计，容易千村一面。

---

　　①　本文成稿时间：2019年3月。

2.对策

（1）利用智能化设计以解决有无问题：利用 AI 设计的发展，将智能设计输送到乡村，体现对乡村的人文关怀；在城市发展 AI 设计，可能会引发抢夺工作机会的技术伦理问题，但在乡村，却是技术扶贫。

（2）采用合理方案突破乡村计算能力薄弱、技术条件缺乏的瓶颈：村民看不懂图纸，要开发简单实用的系统，让用户看得到直观结果；可根据乡村现实，选择适宜的技术，例如手机 app、在线可视化、云计算等。

1.2　研究意义

本项目将带动村宅设计、建造技术的进步，推动乡村信息化、科学化，为乡村振兴提供有力的高新技术支撑，具有显著的社会经济效益。

（1）实现村宅设计全覆盖：AI 设计的速度完全可以覆盖全部乡村用户，本系统可供建设管理部门广泛使用。

（2）推动乡村建设信息化、科学化：实现快速选址、布局优化与设计细化，并推动村宅规范化、科学化，提高绿色乡村设计、建造水平。

（3）有利于社会经济发展：本系统是村宅高效、低价、集约建造的重要支撑，有效减少在设计、建造过程中的资源浪费，促进可持续发展。

（4）为"智慧乡村"奠定良好基础：本系统可用于乡村工匠培训、施工管理，对接 BIM 模型和部品；录入规划条件，采集用户信息，形成乡村规划大数据库，未来可构建从设计、施工到决策的"智慧乡村"平台。

1.3　相关概念界定

1.湘鄂赣地区

湘鄂赣同属中部和长江中下游地区，经济欠发达，包括四个特困山区和革命老区，气候和生活习惯接近。该地区既有现代乡村，也保留了传统的乡村。村宅的多样性、丰富性和地域性使本研究有典型性。

2.卷积神经网络

卷积神经网络（Convolutional Neural Network，CNN）是深度学习的代表算法；仿造生物的视知觉机制构建，可以进行监督学习和非监督学习，能

以较小计算量对图像图形进行学习,效果稳定。

3.参数化设计

将设计编写为函数,通过修改初始条件,得到设计结果,实现设计过程的自动化。

2 国内外研究现状及发展动态分析

2.1 国内研究现状

近年来大批学者投入乡村建设研究中,研究内容涵盖绿色乡村建设、乡土建筑保护与活化、村宅现代化、村宅数字化等方面,成果丰硕。

1.绿色乡村建设

刘加平团队研究西部乡村生态建筑和绿色窑洞适宜性技术集成,完成了西部生态建筑、节能乡村建筑等课题。金虹、张伶伶分析了北方传统乡土民居存在的问题并提出改进途径。王竹、钱振澜研究长三角地区经济、社会、气候、地理、空间统筹视野的乡村建设,构建了乡村人居环境有机更新的理念与策略。王舒扬、宋昆对寒冷气候郊区村宅采用可再生能源供应,减小围护结构传热系数等以降低能耗。刘文合、李桂文等针对北方农村地区深化了燃池供暖、卵石蓄热供暖技术。何梅等研究了关中乡村被动式太阳能利用。姜曙光、杨骏等编制了《新疆严寒地区绿洲型村镇太阳房设计图集》。

2.乡土建筑保护与活化

常青提出以民族、民系的语族及语支为背景的风土建筑谱系划分方法,并尝试从聚落形态、宅院类型、构架特征等5个方面探究基质特征和分布规律。王铠等人提出根植于中国地域乡土现实、生活方式和文脉环境延续性的时间轴,进行乡土聚落渐进复兴的探讨。赵璇、翟辉致力于从基因、历史、系统"统一"的视角看传统村落保护与活化。周静敏等人指出当前新农村住宅建设重视"硬技术",缺乏户型空间、配套基础设施和住宅地域特色的研究。笔者提出整合传统与现代,建设田园城镇,提出和、异、散、低、空、小、杂、土、软、慢、云、微等多个策略。

3.村宅现代化

谢英俊在结构、乡土性上做了大量实践,但量产、综合耐久性等方面实践仍需推进。戴俭、刘思远提出便于在农村推广的"板拼式"轻钢装配式住宅体系。于小菲等人提出采用钢结构体系的农村住宅模块化设计方法。赵献荣、王雪松研究集约化新农村住宅模式化设计与套型可变性,将可变性设计融入模式化的套型设计中。

4.村宅数字化

袁烽研究传统材料的机械臂建造,造出肌理丰富、有传统韵味的砖墙。李飚等人提炼建筑原型,进而运用编程工具动态优化,实现各种设计目标;芮继东等人用 SaaS(Software as a Service,软件即服务)等模式云架构软件部署模式,建立村镇住宅模块化设计集成应用平台。刘少博等运用编程并建立了丘陵地区湖南集合住宅的生成设计过程。魏志崴等将聚落生成的影响因素量化转译为计算机语言,建立多智能体系统,实现聚落形态的定量优化模型。笔者研究《营造法原》中各构件的内在关联,通过 Processing 参数化,只需开间、进深和开间数三个参数就可生成整体建筑模型。

AI方面,小库 XKool 研发的智能设计云平台,用户通过简单的云端操作界面,可以完成城市设计和建筑设计前期工作。王韶宁通过 AI 算法,对不同空间进行多目标的优化排列,使建筑物创造出最大的价值。笔者负责的武汉市域传统村落普查(获全国二等奖),采用 AI 进行卫星图筛查上千个村落,通过天井、黑屋顶数量和占比,判断传统村落的保存状况(图 1)。

2.2 国外研究现状

1.乡土建筑与村宅

法国生土建筑研究中心 CRATerre 在欧洲影响很大,已形成了一条生土建筑产业链。英国学者研究稻草建筑,发掘其低成本、安装简便性和低能源的特性。Richardson 指出新乡土建筑可以看作是现代性与传统性的统一体,强调"原生"建筑形式的真实性。伊丽莎白介绍了美国的新乡土建筑研究,其中草土、农作物纤维块等材料适合中国农村建筑。Rural Studio 强调社会价值观:"无论贫富,每个人都应有一座灵魂庇护所。"法赛(Fathy)致力

▶ 传统保护:图像识别辅助普查

利用全新的深度学习算法语言辅助普查,先用计算机进行卫星图像识别,从上千个村落中初步筛查有价值的石头村落,再由人工进行现场勘查

　　创新利用计算机深度学习算法,通过大量样本库学习,使用神经网络分析法进行**传统村落的特征提取——村落整体规模、天井数量、黑屋顶所占比例以及空间格局**,对千余个村落进行**海量甄选**,初选出**50**多个具有较高研究价值的村落,再对每个村子进行耗时一个月的实地勘察,创新了规划方法,使规划成果更加客观、科学。

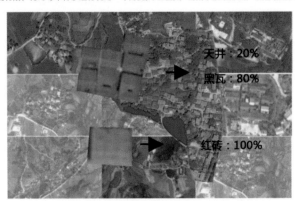

图 1　卷积神经网络深度学习传统村落特征

于为贫民建造住宅,以最低的耗费创造最原生态的环境。

　　2.村宅现代化

　　德国达姆斯达特装配式住宅研究所致力于装配式被动式住宅的研究,并制定了节能标准与新型节能技术。法国制定乡村可持续发展政策。日本1990 年提出 SI(支撑体-填充体)体系,推动了村宅工业化。拉美、欧亚多国试验"增量住宅",实现低成本下功能可变、部品可换的住宅,便于维护改造。

　　3.村宅数字化

　　WikiHouse 是开源代码、在线合作的房屋设计和建造体系,用户在网站设计、下载建筑模板,用 3D 打印或数控机床制造,再用简单工具拼装成建筑。这种设计方式曾被用在里约热内卢的贫民区。Hua 提出了基于案例的建筑三维网格模型设计程序,拓扑识别与聚合程序是该方法的关键。Koltum 根据用户提供的信息,基于贝氏网络进行数据分析、随机优化,完成住宅建筑三维模型。

　　综上,乡村的传统保护与现代化、工业化、信息化结合,是当前国内外乡

村建筑发展的重要方向,但西方技术体系并不都适合我国,更有悖于我国乡村特有的文化传统,必须持续进行原创性的研究。国内 AI 建筑设计刚刚起步,亟须投入更多的研究。

3 研究内容

时代在变,村宅需求也在改变,传统未必都好,现代也有不足。设计师应提炼传统村宅建设经验,加入适宜技术,以解决村宅复合需求与空间组织的系统性、经典户型的智慧与设计经验融合、传统风貌与现代技术的兼容等问题(图 2)。

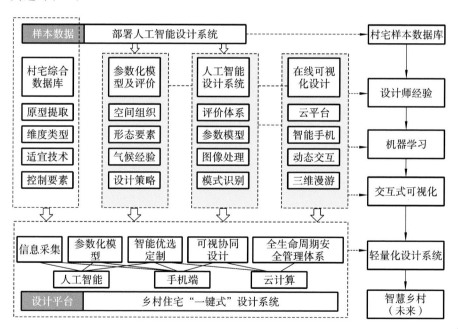

图 2 研究内容

1. 通过对不同地域大量民居进行调查、归类,组建多维开放式数据库

(1)整理传统及现代民居优秀户型:融合其中数千年的生活经验、现代需求和技术,汇集大量优秀案例;按照地域、形态、材料等整理、划分多个维度类型,进行筛选、归类、信息录入,包含类型、形态、功能、面积、朝向、造价、

构造、材料、技术等多种参数，分区域、分目标、分类型和分层级研究村宅空间与技术构成，共同形成优秀户型库。

（2）用 Matlab 建立兼容、弹性、多维的户型数据库：其设置必须做到精细、准确、合理，以便计算机深度学习；响应地域、资源、经济等不同维度的区别，建立多维、开放、可组合的设计策略条目，精心处理数据库的架构设计及系统检索技术；开放性利于内容更新，技术、新材料等按照适宜技术筛选，并录入乡土材料和传统技术，促进其保护和现代化。

2. 代入"人"的设计经验

（1）挖掘村宅设计的方法及控制要素：提炼原型和变体，经典民居户型相当于类型学原型，大量各有特色的户型相当于变体；划分控制设计的层级，探究村宅空间与复合功能的控制要素及其关联机制；依据设计原理，将其分为自顶层向下的不同层级。

（2）设计师从不同维度给予评价：融合"人"的经验，在样本库中定义参数和评价体系，录入设计师的加权评价；大量的人工评价为监督机器学习奠定基础（图 3）。

（3）村宅常见问题及对策整理录入：按照申请人编撰省级村宅设计导则的经验，针对典型问题提出具体措施，能有效避免错误。

（4）学习规范、成熟方法：学习现有的 Grasshopper 等生成设计的方法，预先录入面积、尺度、门窗等的设计规范，供机器学习和调用。

将以上要素作为机器学习的初值设置，可大幅度提高准确性。

3. 训练 AI 设计系统

（1）建立监督学习架构：村宅设计看似简单，实则复杂，传统神经网络算法复杂度和模型可调度有限，容易陷入局部最优解陷阱，而且随机初始化初值增加计算难度。

（2）卷积神经网络使深度学习成为可能，村宅设计更适合自顶层向下的有监督学习：对影响设计的空间组织、形态要素、气候经验、材料策略等控制要素进行参数化处理，构建村宅设计参数化模型；机器基于学习得到顶层参数，进一步优化整个多层模型的参数。第一步不是随机得到的，而是通过学习精心设置的结构得到的，因而更接近全局最优，效果更好。

（3）最终形成 AI 设计系统：基于复杂变量，采用卷积神经网络和深度学

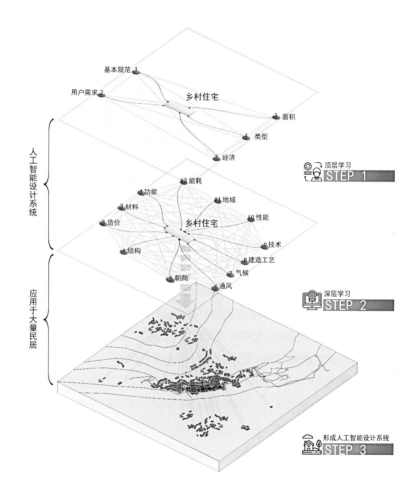

图3　设计师从不同维度予以评价

习技术,通过大量案例多次卷积、池化,最后使用神经网络和 Softmax 分类器完成训练。部署深度学习的训练结果,AI 遵循建筑设计的一般步骤,按照平面→立面→三维模型→细部的步骤来进行,形成 AI 设计系统。

4. 构建轻量化"一键式"可视化设计系统

(1)系统轻量化,才适应乡村的智能化水平:村民使用简单的手机 app,复杂的计算留给远程云计算;用户通过手机采集现场信息,提交给云端,后

台 AI 完成图像处理和模式识别,推荐方案体系,生成基本布局;服务器调用样本库,智能优选造价、材料、性能、地域性等指标,生成完整方案,推送到手机。

(2)直观的方案呈现,适应乡村的技术水平:三维漫游非常直观,基于WebGL 和网页前端技术(HTML5＋JavaScript),在手机上实现 3D 实景漫游。

4 结 语

通过人工智能推送乡村住宅设计方案下乡,可使方案多样、直观、科学,并推广适宜的技术、乡土材料。预留施工、BIM、规划管理的接口,汇集用户信息,未来还可构建从设计、施工到决策的"智慧乡村"平台。随着信息技术的发展,各方面条件均已成熟,现在应积极开展这方面的研究,其意义如下。

(1)借助信息技术做到户户有设计:提高村宅设计水平,推动乡村规范化、信息化发展;实现村宅快速选址、空间布局优化与建筑规划精细一体化设计;体现村宅的典型性、差异性、多样性和科学性。

(2)为乡村提供简单直观的可视化交互系统:提供简单、便捷的服务,便于村民使用,把智能设计系统做成可视化的平台,持续更新,反馈信息。

(3)保护传统,推进现代化:在智能设计系统中整合现代需求、传统文化,并融入适宜技术,推进现代和传统建造体系在乡村的融合。

参考文献

[1] 刘加平.关于民居建筑的演变和发展[J].时代建筑,2006(4):84-85.

[2] 金虹,张伶伶.北方传统乡土民居节能精神的延续与发展[J].新建筑,2002(2):17-19.

[3] 王竹,钱振澜.乡村人居环境有机更新理念与策略[J].西部人居环境学刊,2015,30(2):15-19.

[4] 王舒扬,宋昆.寒冷气候城市郊区农村住宅节能策略与技术手段[J].建筑学报,2009(10):93-95.

[5]　刘文合,李桂文.可再生能源在农村建筑中的应用研究[J].低温建筑技术,2007(4):110-112.

[6]　常青.我国风土建筑的谱系构成及传承前景概观——基于体系化的标本保存与整体再生目标[J].建筑学报,2016(10):1-9.

[7]　王铠,周德章,张雷.时间/空间——乡土聚落渐进复兴中的莪山实践案例研究[J].建筑遗产,2017(2):86-99.

[8]　赵璇,翟辉.从基因、历史、系统"统一"角度看传统村落保护与活化[C]//2018第八届国际园林景观规划大会暨中国建筑文化研究会风景园林委员会学术年会.2018.

[9]　李佳阳,龙灏.制度环境影响下的乡村自建住宅空间演化——以重庆市城郊型乡村为例[J].建筑学报,2018(6):94-99.

[10]　刘拾尘,刘晗,张卫宁.田园城镇——将城镇与田园文明整合的 N 个空想[J].建筑师,2014(2):77-84.

[11]　武玉艳.谢英俊的乡村建筑营造原理、方法和技术研究[D].西安:西安建筑科技大学,2014.

[12]　戴俭,刘思远.新型"板拼式"轻钢装配式住宅体系初探[J].新建筑,2017(2):24-27.

[13]　于小菲,胡惠琴,郑丽娜.钢结构农村住宅模块化设计方法初步研究[J].建筑学报,2011(S2):132-137.

[14]　赵献荣,王雪松.集约化新农村住宅模式化设计与套型可变性研究——以成渝城乡统筹区为研究对象[J].建筑与文化,2014(9):101-103.

[15]　林永锦.村镇住宅体系化设计与建造技术初探[D].上海:同济大学,2008.

[16]　周静敏,薛思雯,惠丝思,等.城市化背景下新农村住宅建设研究现状解析——基于期刊文献统计及实态调查分析方法[J].建筑学报,2011(S2):121-124.

[17]　杨宇振,覃琳,孙雁.谨慎的积极:议农村住屋建造体系及其技术选择[J].中国园林,2007(9):46-49.

[18]　李飚,郭梓峰,季云竹.生成设计思维模型与实现——以"赋值际村"

为例[J].建筑学报,2015(5):94-98.

[19] 芮继东,李端文,徐玲献.基于 SAAS 模式搭建村镇住宅模块化设计平台[J].小城镇建设,2011(10):66-69.

[20] 黄莹颖.基于日照的东北严寒地区农村住宅建筑形体生成研究[D].哈尔滨:哈尔滨工业大学,2015.

[21] 刘少博.基于丘陵地区环境特征的湖南住宅生成设计研究[D].长沙:湖南大学,2014.

[22] 魏志崴.基于建筑生成设计的农村聚落形态研究——以成都平原林盘聚落为例[D].成都:西南交通大学,2018.

[23] 刘小虎,冰河,潘浩,等.《营造法原》参数化——基于算法语言的参数化自生成建筑模型[J].新建筑,2012(1):16-20.

[24] 梁晏恺.浅谈人工智能技术在建筑设计中的应用——以小库 xkool 为例[J].智能建筑与智慧城市,2019(1):43-45.

[25] 王韶宁.运用现代智能算法设计个性化集合住宅[J].新建筑,2009(3):100-102.

[26] RICHARDSON V. New vernacular architecture[M]. New York:Watson-Guptill Press,2001.

[27] 伊丽莎白,亚当斯.新乡土建筑——当代天然建造方法[M].吴春苑,译.北京:机械工业出版社,2005.

[28] DEAN A O, HURSIEY T. Rural Studio:Samuel Mockbee and an architecture of decency[M]. New Jercy:Princeton Architectural Press,2002.

[29] JONES B. Building with straw bales:a practical guide for the UK and Ireland[M]. Green Books & Resurgence Books,2009.

[30] FATHY H. Architecture for the poor:an experiment in rural Egypt[M]. Chicago:University of Chicago Press,1973.

[31] 王志成,杰姆斯.德国装配式住宅工业化发展态势(一)[J].住宅与房地产(综合版),2016(9):62-68.

[32] 汤爽爽,冯建喜.法国快速城市化时期的乡村政策演变与乡村功能拓展[J].国际城市规划,2017,32(4):104-110.

［33］ 崔光勋,范悦.日本集合住宅中的支撑体设计与演变［J］.建筑学报，2012(S2)：149-152.

［34］ 阙小虎.日本 KSI 住宅工业化体系与低碳住宅建设［J］.住宅产业，2011(07)：51-55.

［35］ HUA H. A case-based design with 3D mesh models of architecture ［J］. Computer-Aided Design,2014,57：54-60.

［36］ MERRELL P,SCHKUFZA E,KOLTUM V. Computer-generated residential building layouts［J］. ACM Transactions on Graphics，2010,29(6)：1-12.

［37］ PEUPORTIER B L P. Life cycle assessment applied to the comparative evaluation of single family houses in the French context ［J］. Energy & Buildings,2001：443-450.

后　记

并不热爱却无法离开的城市,时时怀念却无法回去的乡村……

田园是古代文人的梦想和精神家园。"方宅十余亩,草屋八九间",作为一名建筑师,作者也曾经怀揣这样的田园梦,在现实中屡屡碰壁之后,才发现这在今日中国难之又难。谁不喜欢有一方小院,但又有多少人能拥有?为什么我们要用几十年的工资来换取城市的"蜗居"? 为什么只有中国的城市,即使在郊区仍然高层扎堆,而多少人口密度比我国更大的发达国家,只有城市核心区才高层密集……我们的高层楼盘是不是一种错误的发展模式?

本书作者还是一位原创音乐人。每个建筑学子都知道,建筑是凝固的音乐,然而音乐并不是流动的建筑。音乐是一种更自由的表达,音乐的意义在于记录那些我们无法留住的、美好的事物,可以将那些记忆中的乡村之美呈现出来,就算最后这一切终将消失。

"虽然从来没有去过你所描述的那些乡村,但是在这些歌里感受到了。"

那是一段铺满宁静的乡间月光
山影朦胧小河弯缓安详的村庄
老树浓郁乡音依稀，几点昏黄的灯光
虫声织出夜色，银光堆满石巷
木板屋里浊酒飘香，野老摆起家常
游子围坐火塘，恍若在故乡
无奈这是一个又要拆去的村庄
叫人怎能不惆怅
不愿归去，望着村口田野的银光
心中如醉如幻，怎能遗忘

扫码可在网易云音乐播放

乡愁之四 月光 南翼乐队live版·拾尘山人